MTS TestSuite 软件在
疲劳断裂测试中的应用

王连庆　编著

中国建筑工业出版社

图书在版编目（CIP）数据

MTS TestSuite 软件在疲劳断裂测试中的应用/王连庆编著 .—北京：中国建筑工业出版社，2023.5
ISBN 978-7-112-28570-9

Ⅰ.①M… Ⅱ.①王… Ⅲ.①疲劳断裂—测试—应用软件 Ⅳ.①O346.1

中国国家版本馆 CIP 数据核字（2023）第 057158 号

　　基于 ASTM 标准的 MTS TestSuite 软件提供了设备操作、试验定义、试验运行、数据采集、结果分析及报告生成等功能。本书系统地介绍了 MTS TestSuite 软件中的低周疲劳试验模板、高周疲劳试验模板、疲劳裂纹扩展试验模板、断裂韧性测试模板，以及载荷谱文件等，并通过各个模板的实际应用实例，分析了各测试模板在使用中的常见问题。

　　本书适合利用 MTS TestSuite 软件从事材料疲劳断裂试验的研究人员使用，也可供高等院校相关专业的研究生参考。

责任编辑：刘婷婷
责任校对：姜小莲

MTS TestSuite 软件在疲劳断裂测试中的应用
王连庆　编著

＊

中国建筑工业出版社出版、发行（北京海淀三里河路 9 号）
各地新华书店、建筑书店经销
北京龙达新润科技有限公司制版
建工社（河北）印刷有限公司印刷

＊

开本：787 毫米×1092 毫米　1/16　印张：9¾　字数：239 千字
2023 年 4 月第一版　　2023 年 4 月第一次印刷
定价：46.00 元
ISBN 978-7-112-28570-9
（40893）

　　20 世纪 70 年代末，我国引进了第一台 MTS 电液伺服材料试验机，至今已拥有超过 4000 余台。MTS 材料试验机已成为我国材料与结构力学性能测试领域的主力机型，特别是在材料疲劳与断裂的测试方面处于领先地位。MTS 电液伺服材料试验机的控制器已经从模数混合式控制器，发展为全数字多通道 MTS FlexTest 控制器。基于全数字控制器，MTS 公司开发了 TestSuite 软件，是用于材料疲劳与断裂性能测试的全新一代试验应用软件。

　　MTS TestSuite 疲劳与断裂测试模板软件包括：低周疲劳（LCF）试验模板、高周疲劳（HCF）试验模板、疲劳转换试验模板、疲劳裂纹扩展（FCG）试验模板、断裂韧性测试模板，以及载荷谱文件（Profile）。

　　MTS 公司提供的 TestSuite 英文版使用说明书主要采用文字描述的形式，不利于用户在使用过程中理解与掌握。为此，本书对 TestSuite 中材料疲劳与断裂测试模板的英文说明书进行了编译，并增加相应的图片辅助说明。另外，通过部分模板应用实例，分析了各测试模板在使用中的常见问题与注意事项。希望本书有助于 MTS TestSuite 软件操作人员尽快了解并掌握 TestSuite 疲劳与断裂应用软件的使用。

　　由于编者水平有限，书中错误与纰漏之处在所难免，敬请广大读者批评指正。尤其希望一线检测人员对本书的不足之处提出意见或建议，以便改进与完善。

目录

第四章 断裂韧性测试模板　64

第五章 谱文件　91

第一章
引 言

　　疲劳与断裂是工程中最常见、最重要的失效方式。材料疲劳断裂性能是确保产品安全与使用寿命的依据，其检测方法极为重要。依据相应的测试标准，利用试验设备与测试软件准确地测定材料的疲劳与断裂性能具有重要的意义。目前，在疲劳断裂测试中最常用的试验设备为电液伺服疲劳试验机。20 世纪 60 年代，国外的厂商开始生产电液伺服材料试验机，主要有美国的 MTS 公司，英国的 Instron 公司等。我国的电液伺服材料试验机研制起步于 20 世纪 70 年代，主要有长春试验机研究所、长春试验机厂、红山试验机厂和济南试验机厂等。在动态测试领域的领先者为美国的 MTS 公司，该公司最先将 MOOG 公司电液伺服阀应用于材料测试系统，成功研制出各种类型的电液伺服材料试验机。

　　1979 年，我国引进第一台 MTS 材料试验机，随后 MTS 公司的产品被广泛应用于中国工业建设的各个领域，主要包括航空航天、汽车、轮船、铁路等。1985 年，MTS 公司在北京成立了办事处。随着国内 MTS 设备用户的增加，各用户单位希望能学习与交流有关实验技术与 MTS 设备维修的知识，进而成立了 MTS 用户协会，并于 1990 年在北京召开了第一届全国 MTS 材料试验学术会议，该用户协会在 1995 年发展为中国力学学会下属的二级分会——MTS 材料试验协作专业委员会。

一、MTS 数字控制器简介

　　美国 MTS 公司成立于 20 世纪 60 年代，并于 1961 年生产出第一台采用印刷电路板 401 型系列伺服控制器；1965—1974 年相继推出 425、440、443.1、448.82 和 448.85 控制器，期间在 1971 年开发了 MTS Basic 语言；1996 年推出了基于 Windows NT 平台的 RPC Ⅲ 分析和控制软件，为今后的数字控制与分析奠定了基础；1997 年推出了 TestStar Ⅱs 数字控制器，1998 年为 TestStar Ⅱs 控制器发布了疲劳和断裂试验应用软件；2002 年推出 FlexTest SE 控制器；2007 年推出 FlexTest 40/60/100 控制器。总体上，在 1997 年之前为模数混合式控制器，之后则为全数字化控制器。由于模数混合式控制器已经停用，下面仅介绍 MTS 的全数字化控制器。

　　MTS 公司的数字控制器包括：Teststar Ⅱ 控制系统、FlexTest SE & GT 控制器、FlexTest 40/60/100/200 控制器。

1. Teststar Ⅱ 控制系统

Teststar 控制系统有两种型号：单通道单站台的 Teststar IIs 与多通道多站台的 Teststar IIm。TestStar 控制系统基于多任务的 Windows NT 操作系统，在运行试验的同时可进行数据分析，提高了试验的效率。可选用的标准试验软件包括：793.10 多功能测试软件（MPE、拉伸、压缩、弯曲试验，蠕变和蠕变疲劳试验，以及载荷谱加载试验等）；793.20 高周 HCF、低周 LCF 以及高级低周疲劳试验软件；793.50 断裂韧性试验软件；793.40 疲劳裂纹扩展软件等。

2. FlexTest SE & GT 控制器

FlexTest SE & GT 数字伺服控制器是一个功能强大、简便易用、专为材料和零部件测试设计的可靠系统；配置一套值得信赖的硬件和软件系统，可以达到 8 通道和 4 站台试验规格。这些数字控制器产品提供最大可能的灵活性，以满足不同试验需求、不同预算的客户的要求。根据用户的需求，控制器分 4 种：FlexTest SE Basic、FlexTest SE Plus、FlexTest SE 2-Channel 和 FlexTest GT。其中，FlexTest SE 为单站台控制器，而 Flex-Test GT 为多通道多站台控制器。

FlexTest SE Basic 是单通道单站台，是最简易经济的控制器版本，可以完成材料和零部件的强度和疲劳试验。FlexTest SE Plus 控制器带计算机，可以运行 MTS 793 系列软件。FlexTest SE 2-Channel 是一个经济的单站台双通道控制器，可以实现如拉扭复合、双轴向和其他试验应用；同 Plus 型号一样，它也配置更高性能的硬件，并与运行 MTS 793 系列软件的 PC 一起工作，方便用户使用多种 MTS 试验应用软件，完成更多复杂的试验。FlexTest GT 是一款成熟的适合材料及零部件复杂试验的控制系统，具备支持 8 通道与多站台控制能力。FlexTest GT 可实现在一台计算机上同时管理几个站台，大大增强试验效率，或者每个计算机管理一个站台，实现任务分派，互不干扰。

3. FlexTest 40/60/100/200 控制器

MTS FlexTest 控制器是多功能模块化控制器平台，是业内最先进的数字控制器，是 MTS 力学性能试验系统的通用控制平台，可应用于各类材料力学性能试验、结构试验、部件与子系统的试验等。多功能的 FlexTest 数字控制器，具有较高的控制回路闭环速率与高通道数量配置，可以根据试验需求的发展进行必要的扩展。所有型号的控制器均采用统一的硬件平台和软件，方便试验的标准化，同时也优化了试验室的管理效率。

MTS FlexTest 40 控制器是 2 站台 4 通道，60 控制器是 6 站台 8 通道，100 控制器是 8 站台 16 通道，200 控制器是 8 站台 40 通道。MTS FlexTest 控制器在以下几个方面有着显著的优势：

1) 测试设计与自动化：通过 MTS TestSuiteTM MPE 软件实现，MPE 是一种能设计并使任何测试过程自动化的强大而灵活的软件应用程序。

2) 精确测试控制：FlexTest 控制器支持自适应控制补偿技术，计算通道、级联控制以及与 Remote Parameter Control（RPC，远程参数控制）的互操作性，以便适应作动器控制，满足用户试验要求并得到准确的结果。这些测控技术可实现多种试样的相对复杂测试。

3) 控制器通用性：任何硬件资源（如调制解调器）适用于任何测试站台，用户可轻松分配硬件资源，对不同的试验重新配置站台资源。

4）控制器使用寿命：由于采用模块化体系结构的设计，用户可以在实验室或现场轻松升级控制器的 CPU，还可以添加其他测试板卡资源。这些功能可以经济高效地扩展控制器的功能并延长所投入控制器的使用寿命。

二、MTS TestSuite 软件简介

基于 FlexTest SE & GT 与 MTS FlexTest 控制器，MTS 公司开发了 MTS TestSuite 测试软件。MTS TestSuite 是全新一代试验应用软件，主要包含 MTS TestSuiteTM MPE 多用途试验应用软件与 MTS TestSuiteTM TWE 短时力学试验应用软件。软件提供了从设备操作、试验定义、试验运行、数据采集、结果分析以及报告生成等全部功能。该软件具有直观的图形用户界面，通过拖放的方式创建试验流程，并且集成各种计算功能。特别是 MTS TestSuite MPE 多用途试验应用软件，还提供了符合常用试验标准的低周疲劳、裂纹扩展以及断裂韧性等试验模板。

MTS TestSuite 软件为用户提供了灵活的操控性。由于运算是透明的且可修改，所以，操作人员既可使用 MTS 已有的测试模板，也可在原有的模板基础上进行修改、创建与编制用户专有的模板。测试的设计工作采用流程图的形式，用户可以直观地看到自己所创建的试验。即使用户创建较为复杂的测试，编写测试的流程也易于上手。这种模块化的设计方案提高了测试部门的工作效率，因此有利于未来的发展。

MTS TestSuite 有关疲劳断裂测试的软件，主要包含以下几个部分：

1. 疲劳试验模板

1）ASTM Low-Cycle Fatiguc（LCF）Strain Template（ASTM 应变控低周疲劳试验模板）

该测试模板基于 ASTM 标准 E606-04 和 D3479-07 编制而成。

2）ASTM Low-Cycle Fatigue（LCF）Elevated Temperature Template（ASTM 低周疲劳试验高温模板）

3）Transition Test Template（转换试验模板）

4）ASTM HCF Load Test（ASTM 力控高周疲劳试验模板）

2. 断裂试验模板

1）Fatigue Crack Growth（FCG）Templates（疲劳裂纹扩展试验模板）

该测试模板基于 ASTM 标准 E647-08 编制而成，主要包含测量裂纹长度的柔度法与直流电位法（DCPD）。

2）J_{IC} Fracture Toughness Template（J_{IC} 断裂韧性测试模板）

该测试模板基于 ASTM 标准 E1820-08 编制而成。

3）K_{IC} Fracture Toughness Template（K_{IC} 断裂韧性测试模板）

该测试模板基于 ASTM 标准 ASTM E399-17 编制而成。

4）CTOD Fracture Toughness Template（CTOD 断裂韧性测试模板）

该测试模板基于 ASTM 标准 E1290-07 编制而成。

三、MTS TestSuite 软件结构概述

MTS TestSuite 应用软件，为材料与构件的测试提供了创建和运行测试、生成报告和分析测试数据的新型工具。通过可修改的应用程序、模板和访问级别，用户可以创建测试程序所需的精确工具。无论是按照特定的行业标准测试材料和构件，还是开发自己的测试，MTS TestSuite 软件都能让用户轻松地获得所需的数据。

MTS TestSuite 软件是由几个单独的组件构成，每个组件存储一组特定的信息。例如，一个试验包含一组活动（称为序列），试验运行包含数据采集信息和试验运行时获得的变量值。此外，每个组件至少与一个其他组件关联。例如，分析定义使用试验运行的信息，在疲劳或断裂分析器中用于创建分析运行。

表 1-1 介绍了 MTS TestSuite 结构体系的主要组件。本节后文将详细介绍存储在各个组件的数据，以及各组件之间的关系。

MTS TestSuite 结构体系的组件　　　　　　　　　　　　　表 1-1

名称	图标	描述
Project 项目		项目是试验和试验模板的集合。通过创建单独的项目，用户可以组织类似的试验和试验模板，以及各种项目级别的设置，例如所使用的语言或单元类型
Test 试验		试验是 MTS TestSuite 的核心组成部分。试验包含试验定义以及已创建的任何试验运行、分析定义或分析运行
Test Template 试验模板		试验模板消除了重新创建已有信息的需要，并提供了一种运行标准试验的简单方法
Test Run 试验运行		试验运行包含单次试验运行期间采集的所有数据
Analysis Definition 分析定义		在多功能分析器应用程序中，分析定义可作为试验运行期间采集信息的叠加。用户可以自定义与分析定义相关联的视图和显示，并控制试验运行数据在屏幕上的显示方式。此外，用户可以自定义变量值、数据采集的映射和函数，以便创建分析运行和分析各种"假设"的情景
Analysis Run 分析运行		使用分析定义与试验运行中的数据，以产生一组分析结果

1. 项目

项目是 MTS TestSuite 文件层次结构中最高级别的组件，包含以下内容：

● 试验的合集；

● 试验模板的合集；

● 项目设置，例如名称以及试验、试验模板、报告模板、外部文件与数据报告的存储目录。

为查看与编辑已有的项目与其相关的设置，点击 Preferences（首选项）→Configuration（配置）→Project（项目）选项。配置窗口中包含应用范围设置的其他选项卡，无论选择哪个项目，这些设置都会保持不变。

图 1-1 所示为包含试验与试验模板的项目。

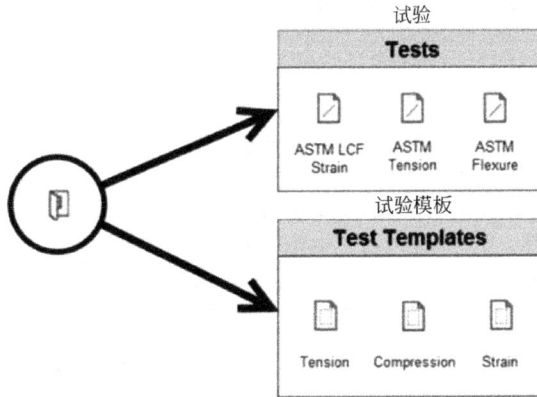

图 1-1　包含试验与试验模板的项目

2. 试验

试验存储在项目文件夹中，包含组件如图 1-2 所示。

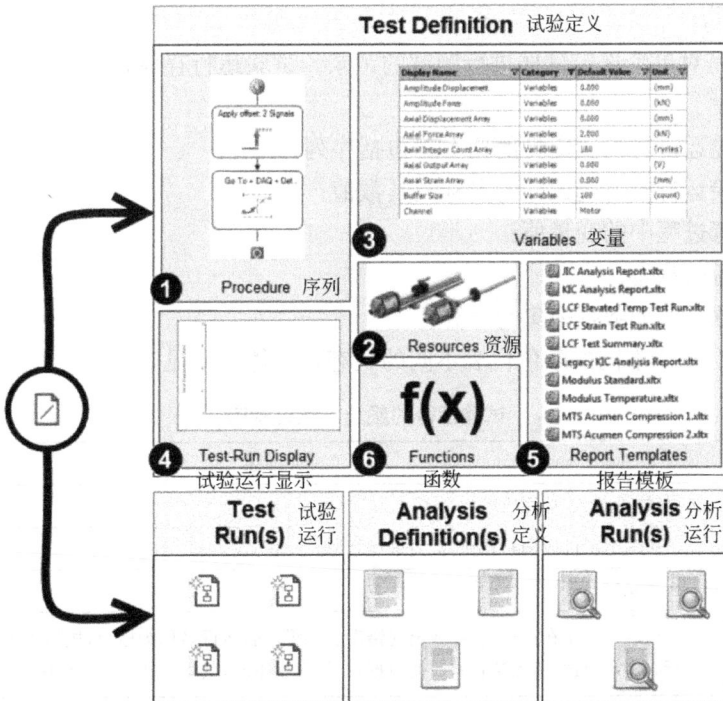

图 1-2　包含试验定义、试验运行、分析定义和分析运行的试验

● Test Definition（试验定义），包含试验的主要组件，如序列、变量、试验运行显示、资源、函数和报告模板；

- Test Runs（试验运行），包含试验运行期间采集的信息，如变量值；
- Analysis Definitions（分析定义），包含变量定义、函数、数据采集、变量的映射，以及使用多功能分析器组织和呈现数据；
- Analysis Runs（分析运行），即根据分析定义，显示试验运行中采集的数据。

3. 试验定义

试验定义存储在试验中，试验定义的主要组件如表 1-2 所示。

试验的主要组件   表 1-2

图 1-2 中序号	组件名称	组件描述
1	Procedure 序列	运行试验时逐步执行的测试活动的集合
2	Resources 资源	在试验过程中使用，映射到控制器中试验资源的集合
3	Variables 变量	保存在试验运行期间可能发生变化数值的集合，例如时间或轴向位移。变量有助于试验不同组件之间数据的传输与操控
4	Test-Run Display 试验运行显示	当试验运行时，用户定义显示数据的界面
5	Report Templates 报告模板	定义所生成报告布局的 Microsoft Excel 模板文件的集合
6	Functions 函数	接收参数并产生结果的指令

4. 试验运行

试验运行是对单个选定试样进行测试的记录。试验运行存储在试验中，试验运行包含如下部分：

- 创建试验运行时试验定义的副本，包括序列；
- 创建试验运行时所选试样的名称及其数值；
- 试验运行过程中的变量值；
- 试验运行的状态；
- 结果数据，例如数据采集与计算。

在试验运行时，不同的颜色代表不同的状态，具体说明见表 1-3。

试验运行的颜色与运行状态   表 1-3

参数	描述
黑色	试验运行成功完成
深蓝色	试验运行已成功初始化，但尚未运行
红色	试验运行停止
橙色	试验运行正在进行、暂停或出现错误。如果试验运行名称为橙色，则数据不可用；如果试验运行时出现错误，将无法查看任何数据；如果发生中断，其中一些数据是可用的

试验运行各个组件的说明如图 1-3 所示。

5. 分析定义

如图 1-4 所示，分析定义包括：用户自定义视图、显示、变量定义与计算、数据采集映射与函数。分析定义类似于一个试验，仅包含将要使用或填充什么信息的定义，不包含

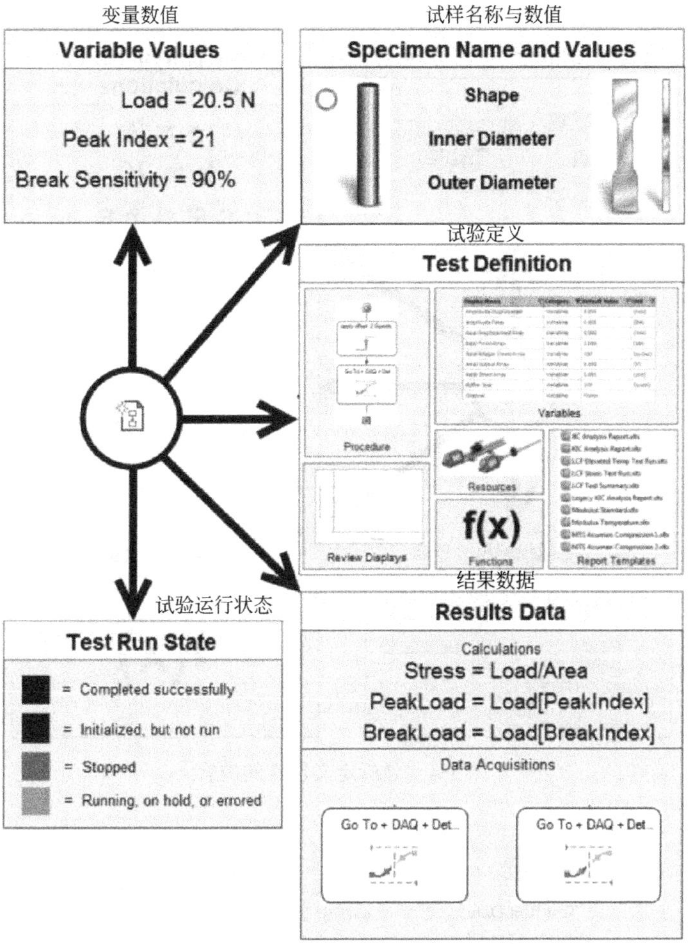

变量数值　　　　　　　　　　　　　　试样名称与数值

Variable Values

Load = 20.5 N

Peak Index = 21

Break Sensitivity = 90%

Specimen Name and Values

Shape

Inner Diameter

Outer Diameter

试验定义

Test Definition

Procedure

Variables

Review Displays

Resources

f(x)

Functions

Report Templates

试验运行状态

Test Run State

■ = Completed successfully

■ = Initialized, but not run

■ = Stopped

■ = Running, on hold, or errored

结果数据

Results Data

Calculations

Stress = Load/Area

PeakLoad = Load[PeakIndex]

BreakLoad = Load[BreakIndex]

Data Acquisitions

Go To + DAQ + Det...　　Go To + DAQ + Det...

图 1-3　试验运行的组件

任何数据与变量数值，因为这些数值储存在分析运行中。

对分析定义所做的更改，将反映在使用该定义的任何分析运行中。一个试验可以包含多个分析定义。

6. 分析运行

分析运行是将分析定义的视图和变量，应用于存储在同一试验中一个或多个试验运行的数据。分析运行不会改变原始试验数据，但使用这些数据可生成一组独立的分析结果。分析运行包含分析结果和分析运行中生成的任何报告。

分析运行不包含计算与变量，以及用于生成和查看结果的显示。这些信息存储在分析定义中，如果用户在分析定义中进行更改，下次查看基于该分析定义的分析运行时，这些更改将被更新。多个分析定义可以保存并用于给定的测试，另外，一个试验中可以存在多个分析运行。当两个或两个以上分析运行的数据包含在同一个分析中时，该集合称为多运行分析。

图 1-5 表示分析运行等于试验运行数据加上分析定义。

视图(图表与表格)　　　　　　　　变量定义与计算

Views (charts and tables)　　　Variable Definitions and Calculations

Chart　Table

$$a = 3$$
$$b = 20$$
$$c = d + e$$

数据采集映射

DAQ Mappings

= a[1, 2, 3...]

= b, c, d...

Displays　显示

Functions　函数

$$f(x)$$

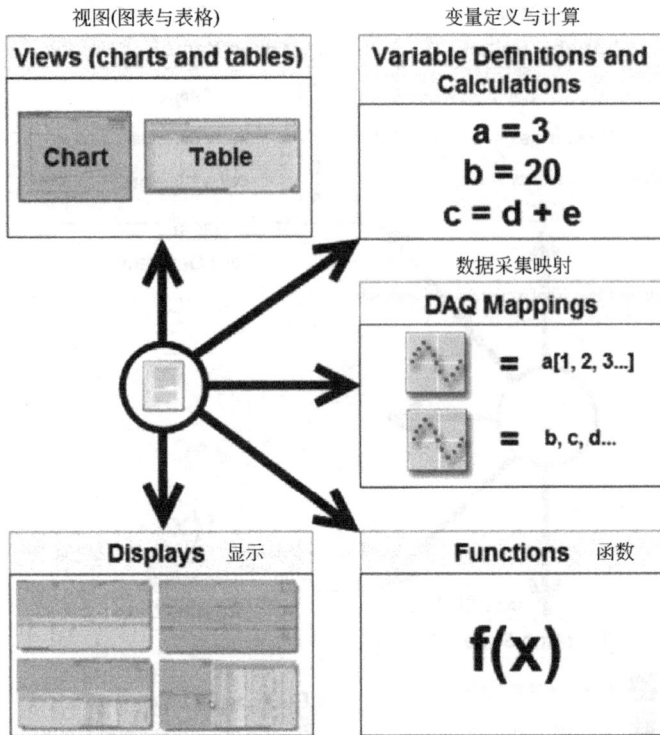

图 1-4　分析定义包含的内容

Test Run Data
试验运行数据

+

分析定义

=

分析运行

图 1-5　分析运行

第二章
疲劳试验模板

疲劳试验模板主要包括低周疲劳试验模板、高周疲劳试验模板和疲劳转换试验模板，以及上述三种试验在高温条件下的模板。与室温的试验模板相比，高温下的疲劳试验模板只是增加了控温与加温的过程，其他参数设置是一致的，因此，本章仅介绍室温下的疲劳试验模板。

第一节　启动 MTS TestSuite 软件的准备工作

低周疲劳试验、疲劳裂纹扩展试验与断裂韧性试验都需要轴向引伸计或者 COD 规（夹式引伸计），在启动 MTS TestSuite 应用软件之前，需要选择并确认轴向引伸计与 COD 的标定文件。在确定试验设备的控制方式是应变控或者力控之后，需要对控制方式进行调谐（Tuning），通过 PID 的调整确保控制信号的精准响应。在启动 MTS TestSuite 软件后，选择所需的测试模板（比如 LCF、FCG 模板）并进行资源的分配，这是每个测试模板都需要完成的工作，为节省篇幅，在本节作统一介绍。

一、引伸计标定文件

在 Station Manager（站台管理器）窗口，点击图 2-1（a）中的 Calibration（标定），出现图 2-1（b）所示的窗口，输入密码 Calibration 并点击 OK。

（a）选择Calibration(标定)　　　　　　　　　　（b）输入密码并确认

图 2-1　更改操作员的身份

在站台管理器窗口，点击 Display（显示），选择 Station Setup（站台设置），出现

图 2-2 所示的窗口。在图 2-2（a）中，点击 Channels（通道）→Axial（轴向）→Strain（应变）→Sensor（传感器），选择轴向引伸计对应的标定文件，比如 632.11c-20，然后点击 Assign（分配）；在图 2-2（b）中，点击 Channels（通道）→Axial（轴向）→COD（裂纹张开位移规）→Sensor（传感器），选择引伸计对应的标定文件，比如 632.03F-20，然后点击 Assign（分配）。

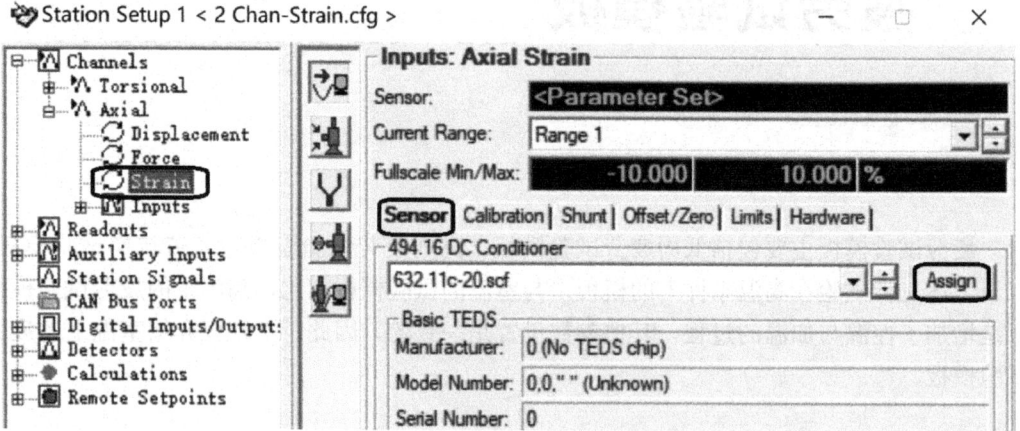

(a) 应变标定文件的选择

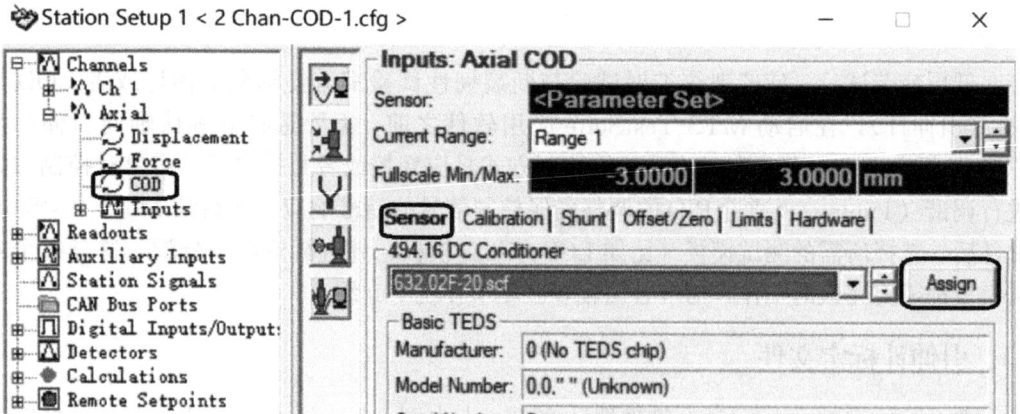

(b) COD 标定文件的选择

图 2-2　引伸计标定文件的选择

在图 2-2（b）所示 COD 标定文件窗口中，点击 Calibration（标定）后出现图 2-3 所示的界面，点击 Polarity（极性）右侧的箭头，出现极性的两个选项：Normal（正常）与 Invert（反向）。在使用疲劳裂纹扩展（FCG）模板及断裂韧性 K_{IC}、J_{IC} 和 CTOD 模板进行测试时，如果测试的试样是 SEB（三点弯曲试样），COD 规的极性选择为 Invert（反向），而对于其他类型的试样，COD 规的极性选择为 Normal（正常）。

二、控制方式的 Tuning（调谐）

低周疲劳（LCF）是应变控制的试验，而高周疲劳（HCF）与疲劳裂纹扩展（FCG）

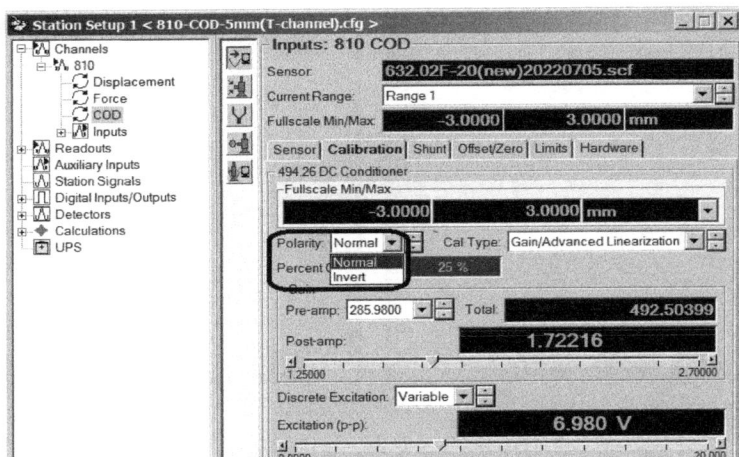

图 2-3　COD 极性的选择

试验是力控试验，在试验前需要调整控制方式的 PID 数值，以达到应变或者力值精准控制的目的。

1. 力控 Tuning（调谐）

在站台管理器中，点击 Display（显示）菜单，选择 Station Setup（站台设置），出现图 2-4 所示的站台设置窗口，点击 Channels（通道）→Axial（轴向）→Force（力），点击 Ｙ Tuning（调谐）图标，出现 Tuning Axial Force（调谐轴向力）窗口，通过调整 P Gain（比例增益）与 I Gain（积分增益）的数值，达到力值精准控制的目标。

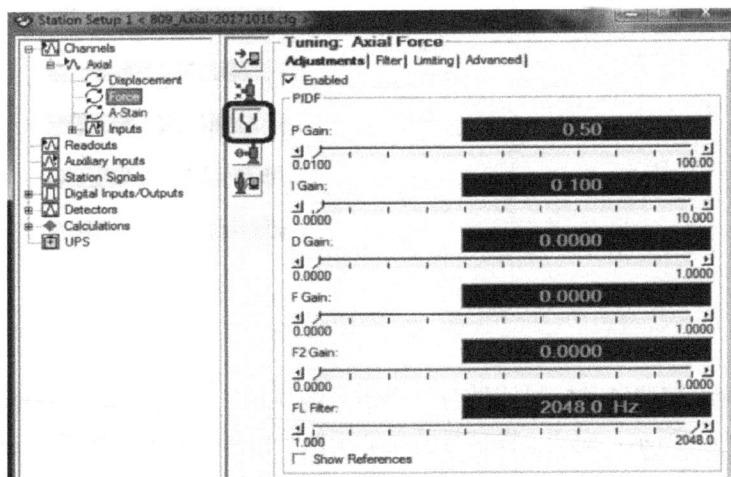

图 2-4　力控调谐

图 2-5 是力控调谐时控制信号与反馈信号响应图。当 P Gain=0.5，I Gain=0.1 时，如图 2-5（a）所示，力值反馈信号明显低于控制信号，需要在图 2-4 中增加 P Gain 与 I Gain 值。当调整 P Gain=3、P Gain=0.5 时，如图 2-5（b）所示，力值反馈信号与控制信号基本重合，表明此时的比例增益与积分增益值是合适的。

11

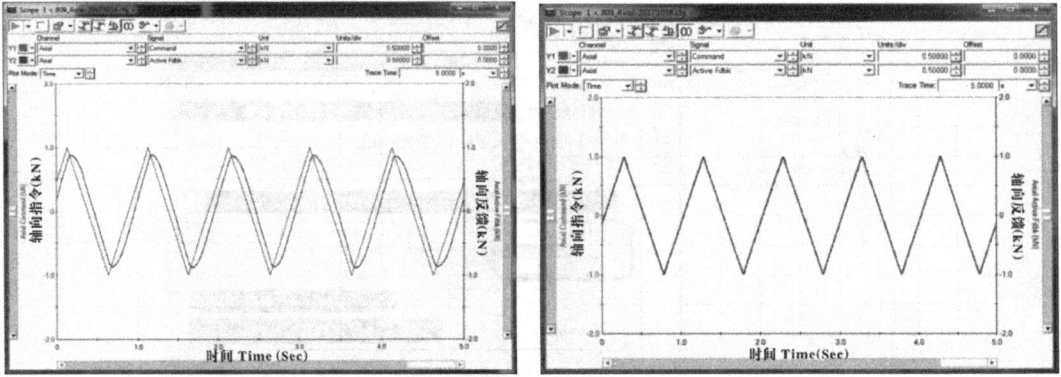

<table>
<tr><td>(a) 反馈信号小于控制信号</td><td>(b) 反馈信号与控制信号重合</td></tr>
</table>

图 2-5　力控信号与反馈信号

2. 应变控 Tuning（调谐）

在图 2-6 所示 Station Setup（站台设置）窗口中，点击 Channels（通道）→Axial（轴向）→A-Strain（轴向应变），点击 Y Tuning（调谐图标）图标，出现 Tuning A-Strain（调谐轴向应变）窗口，通过调整 P Gain 与 I Gain 的数值，达到应变精准控制的目标。

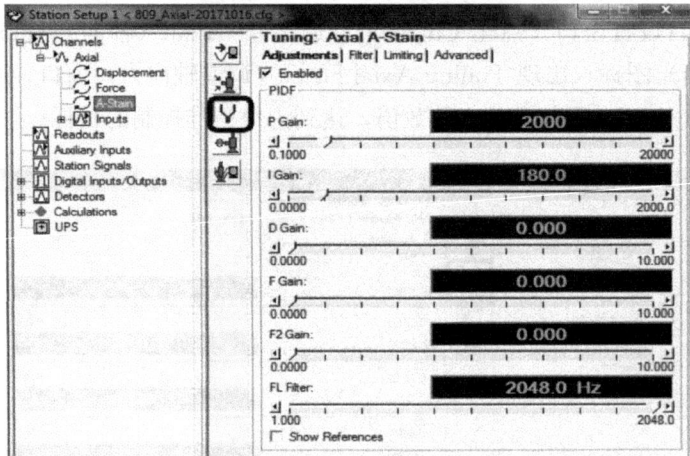

图 2-6　应变控调谐

图 2-7 是应变控调谐时控制信号与反馈信号响应图。当 P Gain＝2000，I Gain＝180 时，如图 2-7（a）所示，应变反馈信号明显低于控制信号，需要增加图 2-6 中 P Gain 与 I Gain 值。当 P Gain＝20000、I Gain＝2000 时，如图 2-7（b）所示，应变反馈信号与控制信号基本重合，表明此时的比例增益与积分增益值是合适的。

三、MTS TestSuite 应用软件的资源分配

在启动 MTS TestSuite 应用软件，打开所需的试验模板之后，需要进行资源的正确配置。点击导航面板的 Resourse（资源），针对 MTS-810 试验机，图 2-8（a）中带有符号"❸"的资源，需要重新配置，其中：

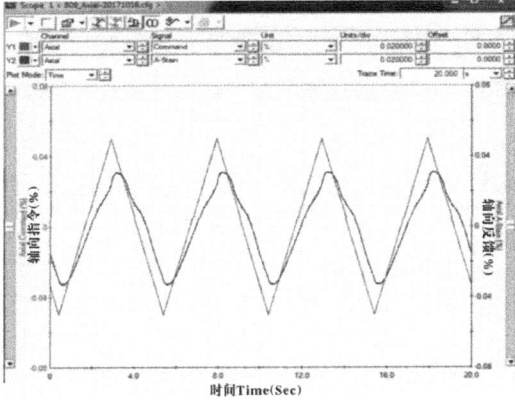

(a) 反馈信号小于控制信号　　　　　　　　　　(b) 反馈信号与控制信号重合

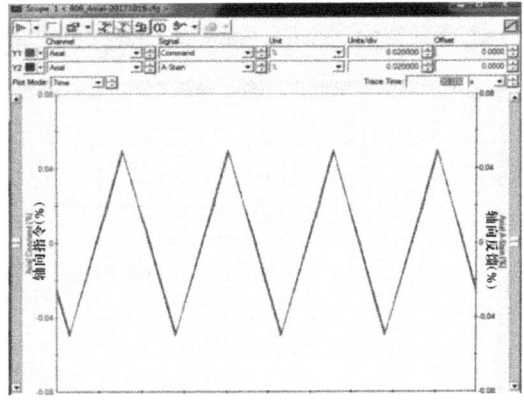

图 2-7　应变控制信号与反馈信号

Channels（通道）→Axial（轴向）选择 810；在 Control Modes（控制方式）中，Force（力）选择 Load（载荷），Displacement（位移）选择 Displacement（位移）。

Float Signals（浮点信号）：Axial Force（轴向力）选择 810 Load（载荷）；Axial COD（轴向 COD）选择 810 COD，Axial Displacement（轴向位移）选择 810 Displacement（810 位移）。

Integer Signals（整数信号）：Axial Integer Count（轴向整数计数）选择 810 Integer Count（810 整数计数）。

完成资源配置后的窗口如图 2-8（b）所示。

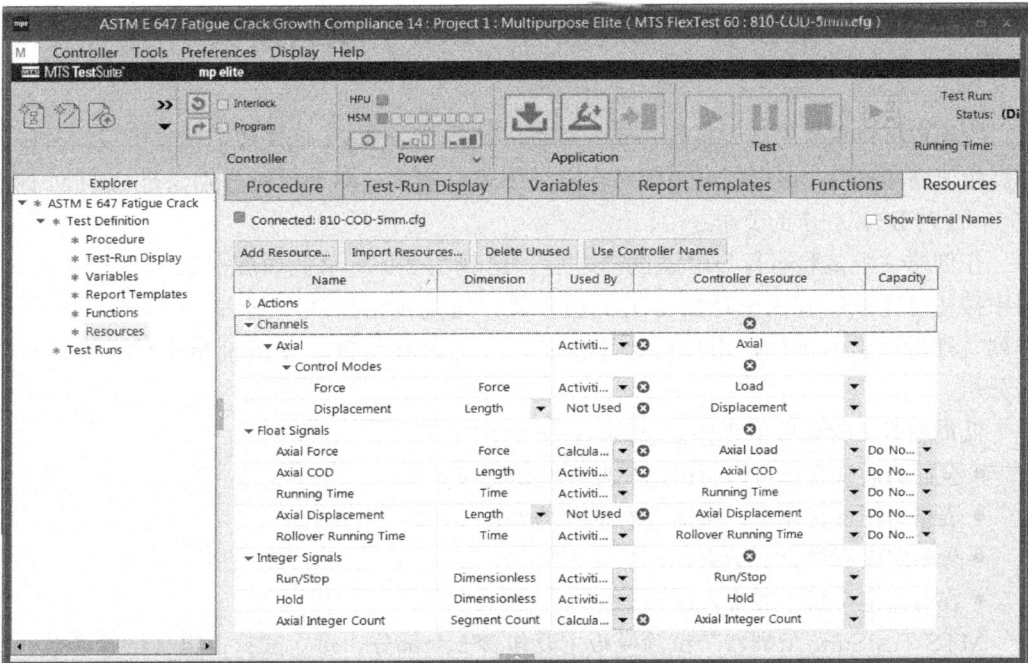

(a) 资源配置前

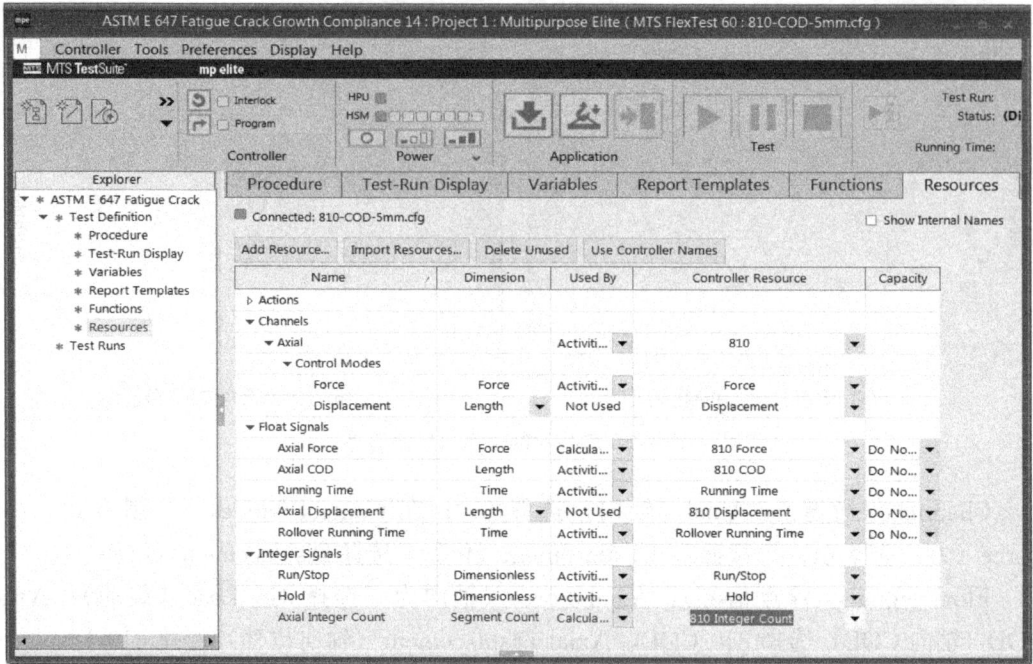

（b）资源配置后

图 2-8　MTS TestSuite 软件资源配置

第二节　低周疲劳（LCF）试验模板

　　为确定材料承受的最大载荷与疲劳寿命，MTS TestSuite 低周疲劳试验模板给试样施加高幅值循环载荷，该模板升级版可在高温下进行测试，两个模板分别满足 ASTM 标准 E606-04 与 D3479-07 的要求。

　　在创建一个试验运行与增添试样之后，出现图 2-9 所示低周疲劳试验主菜单窗口，图中按钮可完成所有低循环疲劳的试验步骤。这些按钮按从左到右、从上到下的顺序排列，随着试验的进行，用户可停止试验，改变试验参数；在试验结束后，可进行数据分析。

　　低周疲劳试验模板主要特征包括：

- 全面的监视视图可以帮助用户监视测试进度；
- 表格与图形化显示，帮助查看试验结果；
- 分析定义提供分析结果；
- 在分析定义后生成报告。

　　MTS TestSuite 低周疲劳试验模板主要包含 5 个部分：建立试验；定义试验参数；运行试验；查看试验结果；分析数据。

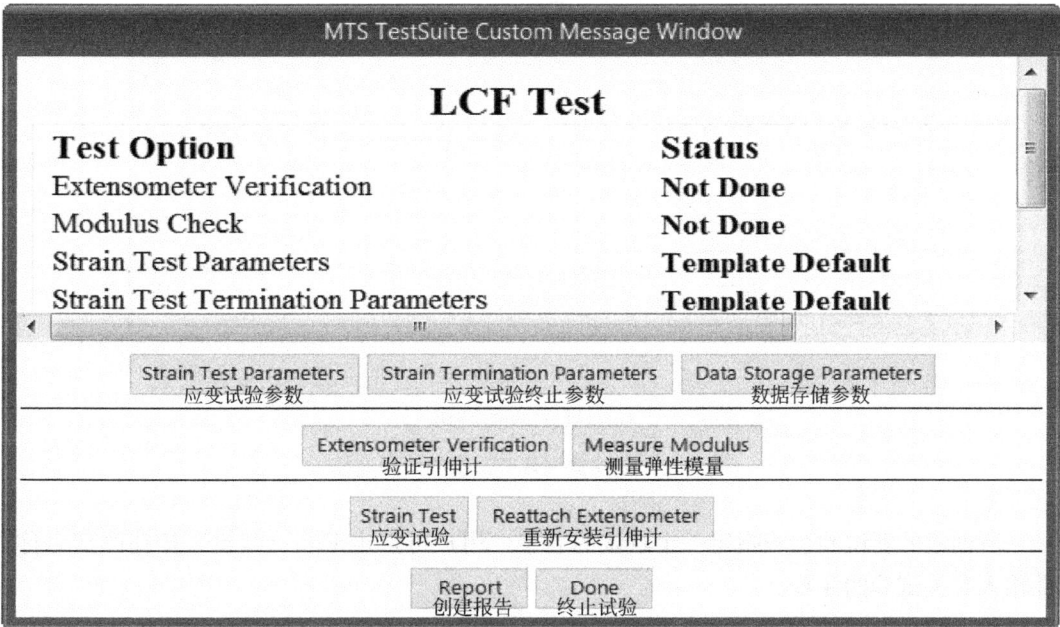

图 2-9　低周疲劳试验主菜单

一、建立试验

1. 创建一个试验

1）从模板创建一个新的试验

在启动 TestSuite 软件后，点击 File（文件）→New（新的）→Test from Template（模板的试验），选择 ASTM LCF Strain 模板［图 2-10（a）］。

2）从已有的试验创建一个新的试验

在 TestSuite 软件中点击 File（文件）→New（新的）→Test from Existing Test（已有的试验）窗口，选择一个试验 ASTM LCF Strain-2022-L124［图 2-10（b）］。

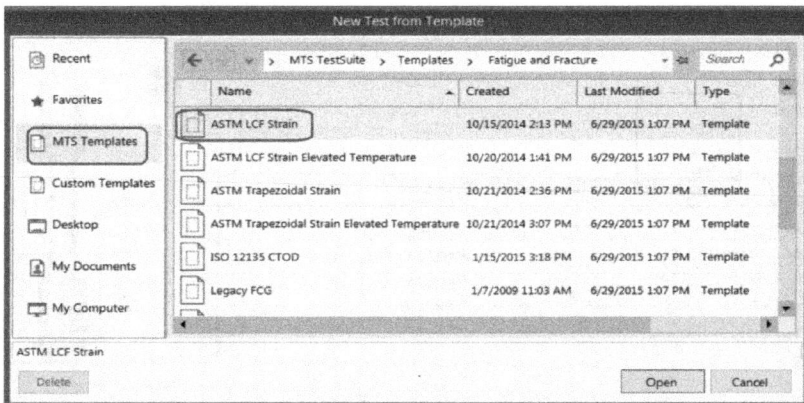

（a）从模板创建

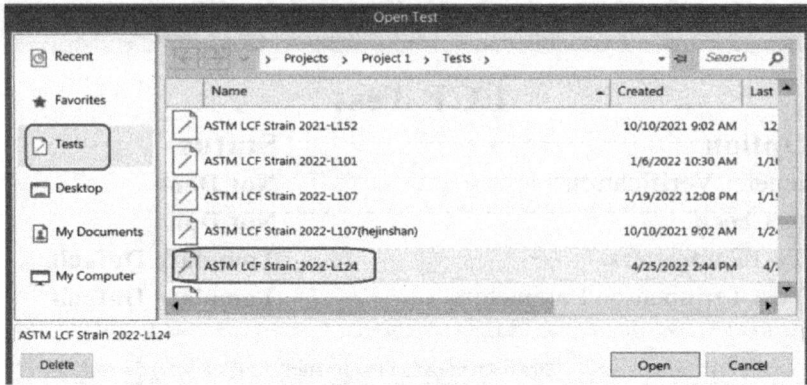

（b）从已有的试验创建

图 2-10　创建低周疲劳试验的两种途径

所创建的新试验会被指定一个默认的名字，用户可点击 Edit（编辑）按钮改变名称，并输入有关试验的注释。

2. 创建一个新的试验运行

1）在 TestSuite 工具栏，点击 New Test Run（新的试验运行），出现图 2-11 所示的 Specimen Selection（试样选择）窗口，点击右上侧的加号（＋）添加一个新的试样。在 Detail for Selected Specimen（选择试样详细信息区域）的 Geometry（几何形状）有 4 个选项：

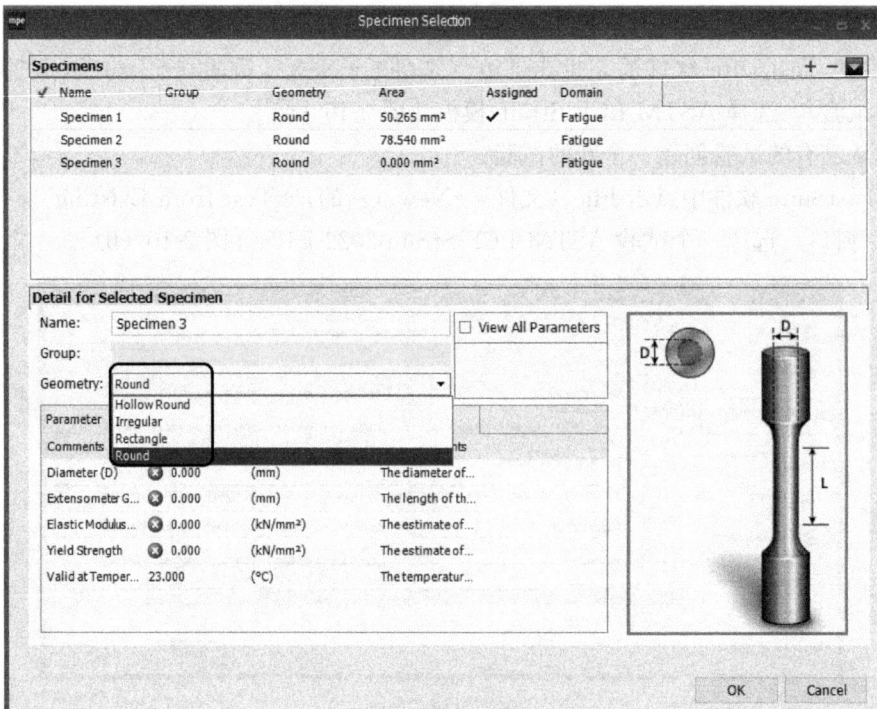

图 2-11　疲劳试样的形状选项

- Hollow Round（圆管）；
- Irregular（不规则形状）；
- Rectangle（矩形）；
- Round（圆棒）。

在选择想要的试样形状，并输入相关的试样尺寸与力学性能参数后，点击 OK 出现图 2-12 所示的 Setup Variables（设置变量）窗口。

2）在图 2-12 中的设置变量窗口查看变量参数，可更改的参数包括：试样的尺寸、引伸计标距长度、弹性模量、屈服强度与有效温度等。

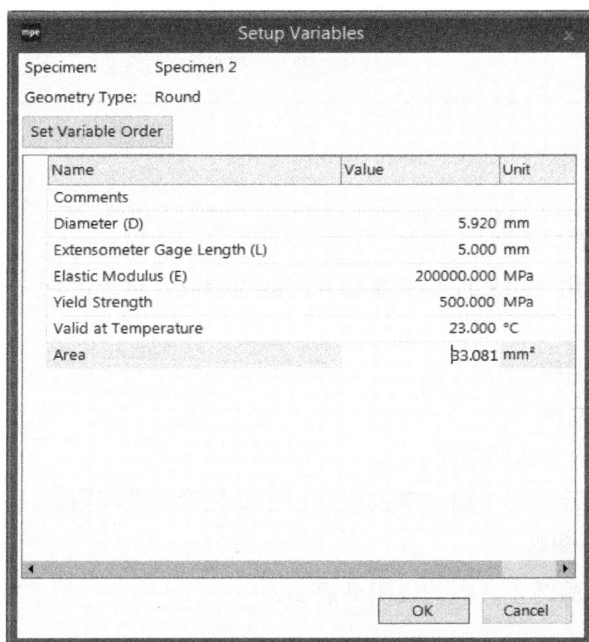

图 2-12　试样参数设置

3. 疲劳试样的参数

根据试样的不同类型，设置低周疲劳试样的参数，常见的三种疲劳试样为圆形、圆管与矩形试样，具体参数见表 2-1。

低周疲劳试样的参数　　　　　　　　　　　　　　表 2-1

参数	描述
Diameter-Round Specimens 直径-圆形试样	指定试样工作段的直径，试样的直径是其他变量在计算中使用的变量
Outer Diameter-Hollow Round Specimens 圆管外径	指定试样工作段的外径
Inner Diameter-Hollow Round Specimens 圆管内径	指定试样工作段的内径
Width-Rectangular Specimens 矩形试样宽度	指定试样工作段的宽度

续表

参数	描述
Thickness-Rectangular Specimens 矩形试样厚度	指定试样工作段的厚度
Extensometer Gage Length(L) 引伸计标距段长度	指定引伸计标距段长度
Elastic Modulus(E) 弹性模量	材料应力-应变曲线弹性段直线的斜率
Yield Strength 屈服强度	发生永久变形的应力值
Valid at Temperature 有效温度	测定弹性模量与屈服强度的温度

二、定义试验参数

1. 应变试验参数

应变试验参数是用户用来控制应变疲劳试验的参数。对于正弦波形的试验，应变试验参数包括：

- End level 1（端值 1）；
- End level 2（端值 2）；
- Cycle frequency（循环频率）。

应用软件会自动检查用户输入参数值是否在系统量程范围内。

2. 应变试验终止参数

有关应变疲劳试验终止参数的说明见表 2-2。

应变试验终止参数   表 2-2

参数	描述
Cycles for Stable Cycle 稳定循环周次	在试样经过循环硬化或软化之后，达到循环稳定的循环周次
Stable Cycle Percent 稳定循环百分数	用于确定峰谷值稳定性的百分数
Crack Initiation Change 裂纹初始化更改	用于计算稳定载荷范围与裂纹初始化的百分数
Load Failure Change Percent 载荷失效变化百分数	用于计算稳定载荷范围与试样失效的百分数
Peak Level Control Change 峰值控制变化量	用于计算控制峰谷值是否超出控制范围的百分数
Total Cycles 总循环数	指定测试最大的循环数

3. 数据存储参数

有关应变疲劳试验数据存储参数的说明见表 2-3。

数据存储参数   表 2-3

参数	描述
Ending Cycles 终止循环数	在试验结束或试验停止后,设置保存磁盘的循环数
Load Storage Change 载荷存储变化	设置两次存储磁盘之间最大载荷发生的改变量
PV Nth Cycle Stored 峰谷值存储循环数	设置峰谷值存储的循环数,例如,设置 100,即每 100 个循环存储数据
Starting Cycles 开始循环数	当试验开始之后,存储磁盘的循环数
Time Cycles Per Log Decade Stored 对数循环间隔存储	设置以对数形式存储磁盘的循环数
Strain Noise Band Percent 应变噪声带宽百分数	设置检测峰谷数据时数据必须超过的范围。在这个范围之内,应变被认为是噪声,而不是峰值或谷值数据
Displacement Storage Change 位移存储改变量	设置在两次存储之间的位移必须发生的改变量

4. 引伸计校准与验证

1) 引伸计校准与验证

为确保数据采集的准确性需进行引伸计的校准与验证。在进行任何测试之前,应进行引伸计的校准。为了验证引伸计的校准,将系统设置为力控并斜波载荷回零,在零负载时,应变引伸计归零。

在运行测试之前,应验证引伸计的校准。用户可通过分流校准进行直流传感器/调节器的精度验证。分流校准的工作原理是在传感器惠斯通电桥的一个臂上分流一个精密电阻,由此产生的不平衡提供了参考值,该值记录在传感器校准数据表上。

注:对于使用 494 系列的硬件系统,用户可以使用 HWI 编辑器应用程序,选择分流校准电阻应用的桥臂。

在测试前,应将分流电流校准值与上次校准传感器时记录的分流校准值进行比较,如果两个参考值相差太大,应重新校准传感器/调节器,建立新的分流参考值。

如果激磁电压漂移、传感器损坏或发生其他变化,现有的分流校准值和参考值会发生显著的变化,可以通过调整激磁电压补偿分流校准值中较小的变化。

校准是协调传感器、直流调节电路与电缆之间相互作用的过程,传感器的校准分为两个步骤:

第一步,将调节器的特定输出调整到传感器的指定位移,这是通过调节激磁电压和调节器的放大(增益)来实现;

第二步,通过比较传感器调节器的输出与整个测量范围内的位移标准值进行验证。

2) 验证引伸计过程

在低周疲劳试验中,验证引伸计过程如下:

● 在图 2-9 所示主菜单窗口,点击 Extensometer Verification(引伸计验证)按钮,出现图 2-13(a)所示的信息,点击 Run(运行),开始引伸计的验证;

● 点击 Run(运行)后按钮的颜色改变,并出现图 2-13(b)所示的信息,Put the

Extensometer in the zero position（将引伸计归零）；

• 将引伸计归零之后，点击 OK；

• 出现图 2-13（c）所示 Verify Zero Strain Reading（验证零应变读数）窗口，接受这个数值，或者必要时输入一个偏置量，点击 OK；

• 出现图 2-13（d）所示 Put the Extensometer in Full Scale Position（引伸计设置应变满量程）窗口，点击 OK；

• 出现图 2-13（e）所示 Verify Full Scale Strain Reading（验证满量程应变读数）窗口，用户可以设置这个数值为 0.1（引伸计满量程 10%），点击 OK；

• 出现图 2-13（f）所示 Extensometer Reading（引伸计读数）确认窗口，点击 Yes 再次进行引伸计验证，或者点击 No 返回主菜单窗口。

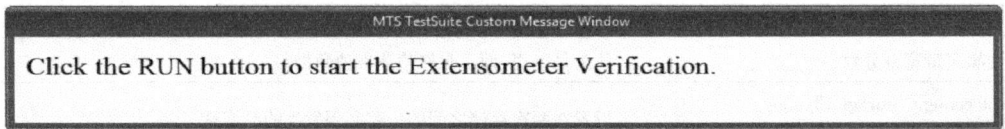

Click the RUN button to start the Extensometer Verification.

(a) 验证引伸计运行提示

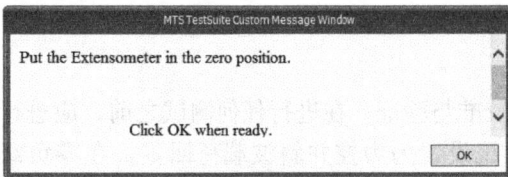

(b) 引伸计归零提示

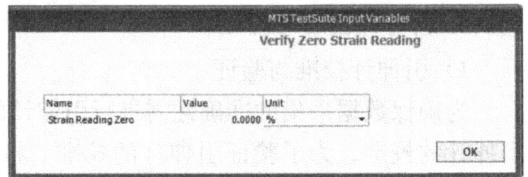

(c) 引伸计归零设置

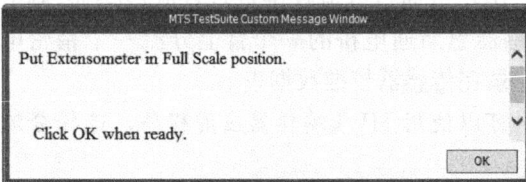

(d) 引伸计满量程提示

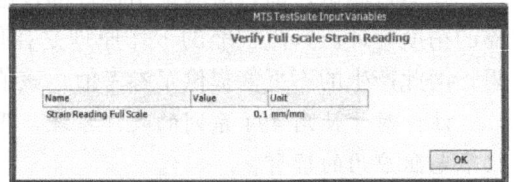

(e) 引伸计满量程设置

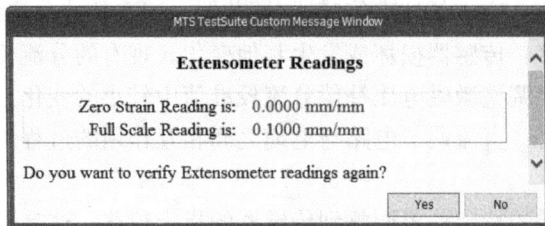

(f) 引伸计读数确认

图 2-13　引伸计验证

三、运行试验

1. 测量模量

在低周疲劳（LCF）试验中，检查弹性模量过程如下：

1）在图 2-9 主菜单窗口，点击 Measure Modulus（测量模量）按钮，窗口提示输入模量检查的载荷值。

2）输入载荷之后，点击 OK。

3）点击 Run（运行）按钮。

4）出现图 2-14 所示 Modulus Check Result（模量检查结果）窗口：

● 点击 Accept（接受），认可这个结果；

● 点击 Reject（拒绝），放弃这个结果；

● 点击 Measure Modulus（测量模量），再次进行弹性模量的检查；

● 点击 View Data Report（查看数据报告），以报告的形式查看结果。

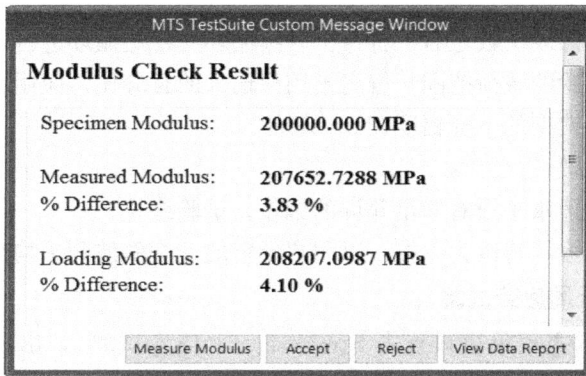

图 2-14　弹性模量检查确认

2. 应变控制试验

1）典型的低周疲劳（LCF）试验测试过程

● 如果试验的平均载荷不为零，斜波加载到平均载荷，斜波加载的数据存储在第 0 周的循环中；

● 与其他循环周次的试验结果作比较，确定一个稳定的循环；

● 开始试验循环计数、试验数据采集，并运行试验；

● 系统斜波到最后一周循环的平均载荷。

2）零循环

应用软件为每个完整的循环采集试验数据，循环从平均载荷开始，以平均载荷结束。在大多数情况下，平均载荷为零。对于平均载荷不为零的情况，在测试实际开始前，以斜波的形式加载至平均载荷。应用软件在 0 计数中存储初始过渡期间采集的数据。

3）稳定循环周次的确定

软件根据用户输入的参数确定稳定循环周次。

对于应用软件确定的稳定循环，连续的循环数必须保持在稳定循环偏差系数内，以确定参考循环，典型的选择是 5～100 周次的循环。

与初始循环相比，连续循环必须在输入的百分比偏差范围内。如果一个循环在达到稳定循环之前偏离了这个百分比，那么这个循环就会成为随后循环新的参考点。典型的稳定循环偏差因子约为 1%。

4）试验结束条件

应变疲劳试验的结束，需要满足如下的终止试验条件之一：非控制破坏门槛值（％）；峰谷值偏差。

①非控制破坏门槛值（％）

对于在应变控制下运行的疲劳试验，用户定义一个用于检测试样破坏的稳定载荷幅值百分比。当试验达到稳定循环时，随后的试验载荷峰值将与此循环进行比较，以确定是否应因试样破坏而终止试验。对于在力控下运行的试验，输入用于检测试样是否破坏的稳定位移百分比。当试验达到稳定参考循环时，随后的试验位移峰值将与此循环进行比较，以确定是否应因试样破坏而终止试验。

②裂纹初始化的确定

在确定一个稳定循环次数之后，将每个后续循环与稳定循环进行比较。如果非控制范围（对于应变控制试验的载荷范围）偏离了用户输入的百分比，应用软件存储此循环数作为裂纹初始化循环。典型的下降幅度在 5％左右。

③峰谷值控制失败

如果控制的峰谷值水平没有满足允许的偏差，试验终止。

当试验结束后，系统将改为力控，以用户设定的速率斜波到平均载荷。

3. 开始应变控低周疲劳试验

1）在图 2-9 所示主菜单窗口点击 Strain Test（应变试验），出现图 2-15 所示窗口，提示验证运行时显示的试验参数；点击 Run Test（运行试验）开始测试；点击 Change Parameters（更改参数）返回并修改试验参数。

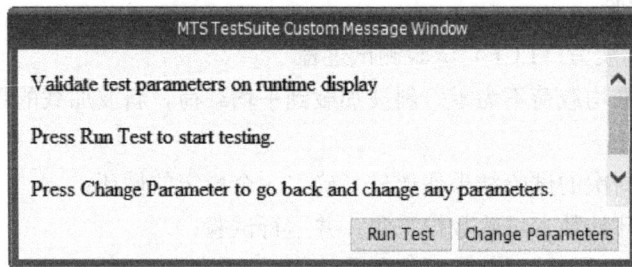

图 2-15　应变控试验验证试验参数

2）点击 Run Test（运行试验）开始测试，提示点击 Run（运行）按钮将开始应变控低周疲劳试验。

3）点击 Run（运行）后按钮的颜色改变。

4）点击 Change Parameters（改变参数）将返回到主菜单，用户可更改参数，之后再运行试验。

5）重新安装引伸计。如果试验停止了，用户想要重新开始试验，那么必须重新安装引伸计。在图 2-9 所示主菜单窗口中，点击 Reattach Extensometer（重新安装引伸计）。出现图 2-16（a）所示窗口，其中，End of Test Readings（试验终止时的读数）为：载荷 5.205±0.5kN、应变－0.0329％±0.1％；Mean Load Test Readings（平均载荷试验读数）为：载荷－0.407±0.5kN、应变－0.0024％±0.1％。当重新开始试验，满足上述条件时，点击 Verify Settings（验证设置），应用程序会直接返回到主菜单窗口。当不满足载荷与应变的极限条件时，比如图 2-16（b）中的载荷 4.702kN，或者图 2-16（c）中的载荷 5.8kN，不满足载荷范围 5.205±0.5kN，会出现如下提示：载荷或应变没有在有效的范围内，关闭此窗口，再次尝试。重新安装引伸计需要满足图 2-16（a）中的条件之一，才能保证试验数据的连续性。

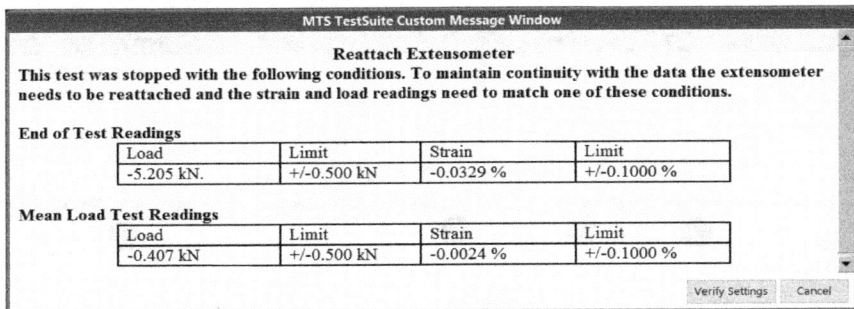

（a）安装引伸计条件

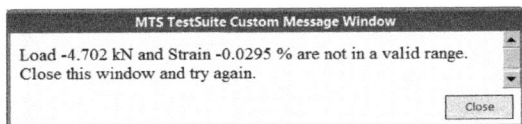

（b）载荷低于下限

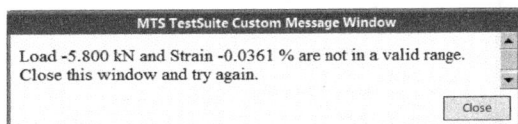

（c）载荷高于上限

图 2-16 重新安装引伸计条件

6）创建疲劳试验报告。在图 2-9 所示主菜单窗口点击 Report（报告），应用程序打开 Excel 软件，Creating Report（创建报告）窗口显示应用程序创建试验报告的过程。用户可通过 Reporter Add-In（报告增添）自定义输出，对报告输出内容进行修改。

当试验结束后，试验停止，用户可运行试验报告，试验报告有多种选项以满足标准报告的要求。当用户生成报告时，需要点击 Done（完成）结束试验。当用户结束试验之后，将不能继续进行这个测试。

四、查看试验结果

在试验结束后，用户可查看试验结果，其步骤为：

- 在 Explorer（资源管理器）面板，点击 test run（试验运行）的名称；
- 点击 Results（结果）；
- 点击不同类型的表格，查看不用类型的试验结果。

图 2-17 所示为试验结果信息，说明如下：

①Variable Summary（变量概况）：显示所有参数与试验运行的最终数值。

②History（历史记录）：显示最大—最小值或者峰值—谷值对时间或循环数的图形，Y 轴代表数据值（载荷或应变等），X 轴代表索引值（时间或循环周次），用户可在试验之后选择图形的变量。

③Hysteresis（滞回线）：在试验循环过程中显示循环或组数据，用户可在试验后选择图形的变量。

④Variable Array Chart（变量数组图形）：显示每个循环采集与计算的所有数据点，以数组的形式存储。

⑤Data Acquisition（数据采集）：在试验过程中显示采集的数据，数据采集可采用表格的形式。

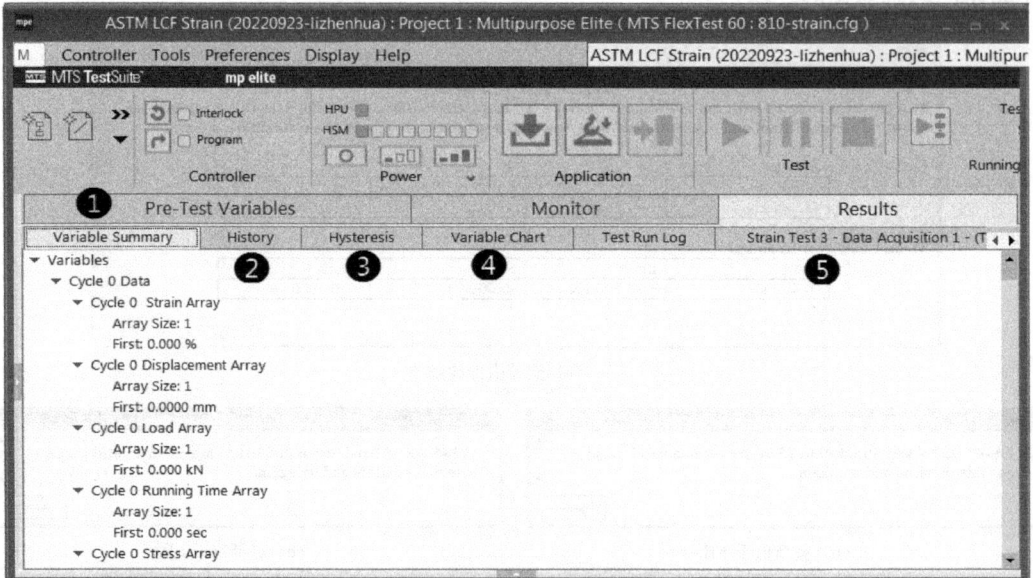

图 2-17　低周疲劳试验结果

五、分析数据

模板预先配置的分析定义符合 ASTM 标准的分析部分。分析定义可使用 Fracture Analyzer（断裂分析器）分析试验数据，在启动断裂分析器后，点击 Preference（首选项）→Configuration（配置）→Language（语言）选择简体中文，重新启动后，断裂分析器成为中文版本，点击文件→打开试验，选择想要分析的 LCF 试验，右键点击用户想要分析的 LCF 试验运行，并选择新建分析试验运行，选择添加分析，出现图 2-18 所示断裂分析器分析数据窗口。

1. 常用的数据表格

在图 2-18 所示的断裂分析器的显示选项中，勾选的常用表格选项如下：

1）非弹性应变最小与最大值图表

非弹性应变最小最大值图表包含测量与计算的最小与最大塑性应变，同时包含测量的塑性应变范围。

2）模量-循环周次图表

模量-循环周次的图表包含如下数值：

- 计算的循环弹性模量；
- 计算的加载弹性模量；
- 计算的卸载弹性模量；

图 2-18 断裂分析器分析数据

- 回线的面积；
- 计算的第一周循环模量。

3）峰谷值-循环周次表

峰谷值-循环周次的表格包含如下数据：

- 载荷；
- 应力；
- 应变；
- 位移。

4）循环周次变量

循环周次变量包含循环变量的信息；如果在分析过程中修改了数值，会在重置列中出现重置标记，这个数值不同于初始数值列中的数值，更改的数值不会替代与更换原始测试结果的数据。

5）变量表

变量表包含试验变量的信息；如果这些数值在分析中被修改，在重置列出现重置标记，这个数值不同于原始数据列的数值，更改的数据不会替代原始测试结果数据。表格包括：

- 分类；
- 显示名称；
- 数值；
- 单位；
- 修改；
- 原始数值；

- 范围；
- 数组；
- 计算。

6）通道-时间表格

通道对时间的数据表是在 Data Acquisition（数据采集）过程中存储在数组中的数据，点击下滑按钮选择采集的数据。通过点击 Numeric（数字）或 Variable（变量），选择一个或多个数字或变量，数组默认包括：

- 循环索引；
- 数组索引；
- 运行时间数组；
- 位移数组；
- 载荷数组；
- 应变数组；
- 弹性应变数组；
- 塑性应变数组；
- 应力数组；
- 加载到平均应力的数组；
- 加载到平均应力的时间数组。

7）数据总结表

数据总结表提供的是在变量编辑器中定义的变量最终值，用户可以在数据表中做出一个或多个数值修改，利用 Analysis Inputs（分析输入）表格中描述的方法重新进行计算。在用户刷新数据之后，更改的数据会在重置数列中有重置标记，原始试验数据不会丢失与改变。

2. 数据结果图形

报告的数据提供了可视化的图形效果。对于图 2-18 中没有选中的图形选项，如果需要也可勾选显示，具体包括：

1）应变峰谷图：显示每个试验循环的应变峰谷值。

2）应变-时间图表：显示试验过程中应变的变化。

3）载荷峰谷图表：显示每个试验循环的载荷峰谷值。

4）载荷-时间图表：显示试验过程中载荷的变化。

5）应力峰谷图表：显示每个试验循环的应力峰谷值。

6）加载-卸载图表：显示应力与应变的关系，并标记加载和卸载的起始点与终止点。

7）应力-应变图表：一般是存储第一周、第三周、稳定循环周以及最后一周的应力应变图。

8）应力-非弹性应变图表：显示第三周、稳定循环和最后一个应变循环的应力与非弹性应变的关系。

9）应力-时间图表：显示试验过程中应力的变化。

10）模量图表：显示加载与卸载模量的计算值。

11）首次循环周次模量图表：显示第一周循环从起始点到终止点的弹性模量。

12）非弹性应变最小值-最大值图表：记录最小和最大塑性应变的计算值。

13）失效循环周次图表：显示失效点在 Y 轴变量的标记，以及半循环寿命循环的峰值。

第三节　高周疲劳（HCF）试验模板

一、建立试验

1. 高周疲劳（HCF）试验模板简介

高周疲劳（HCF）试验模板，是通过执行力控的疲劳试验，以确定材料的疲劳寿命。典型的力控疲劳试验包括：

● 确定一个稳定的循环，以便与其他测试值进行比较。

● 开始测试循环计数，开始试验数据采集，并执行测试直至完成。

应用软件检查各种设置和数值，以确保它们在系统量程和测试要求范围内。

1）稳定循环测定

应用程序根据用户输入的参数识别稳定循环。

对于应用软件确定的稳定循环，连续的循环数必须保持在稳定循环偏差系数内，典型的循环计数为 5～100 个循环。

与初始循环相比，连续循环必须处于输入的百分比偏差范围内。如果一个循环在达到稳定循环数之前，偏离超过该百分比，则该循环成为后续循环新的参考值。典型的稳定循环偏差因子在 1% 的数量级。

2）试验终止

直到满足下列终止标准之一，高周疲劳试验终止运行：

● 破坏位移变化百分比；

● 载荷循环次数；

● 峰值载荷水平控制变化。

对于力控的疲劳试验，用户可以为失效检验定义一个位移峰值。当达到稳定循环时，试验将峰值位移与该循环进行比较，以确定试验是否因裂纹形成或试样失效而结束。

当载荷值未能满足预定义的极限或位移值超过预定义的极限时，发生峰谷值破坏。

2. 创建一个试验

1）从模板创建一个新的试验

在 TestSuite 软件中，点击 File（文件）→New（新的）→Test from Template（模板的试验），选择 ASTM HCF Load Test 模板［图 2-19（a）］，点击 Open。

2）从已有的试验创建一个新的试验

在 TestSuite 软件中，点击 File（文件）→New（新的）→Test from Existing Test（已有的试验），选择 Example HCF Force Test 试验［图 2-19（b）］，点击 Open。

3. 创建一个新的 test run（试验运行）

1）点击 New Test Run（新的试验运行）按钮；出现 Specimen Selection（试样选择）

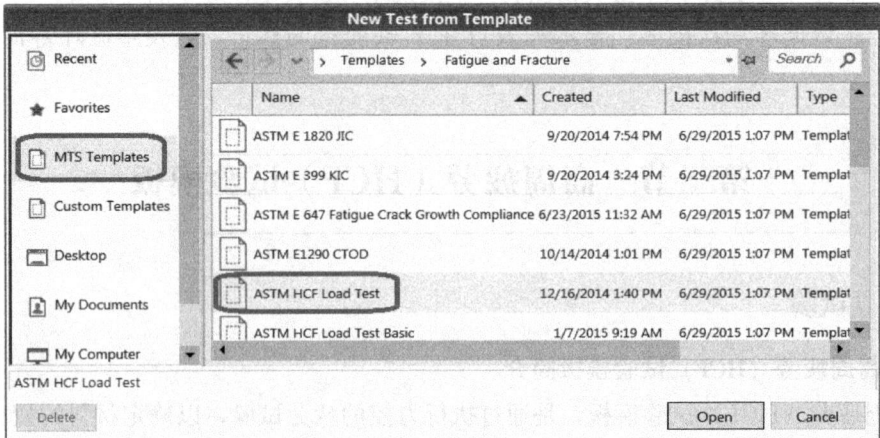

（a）从模板创建

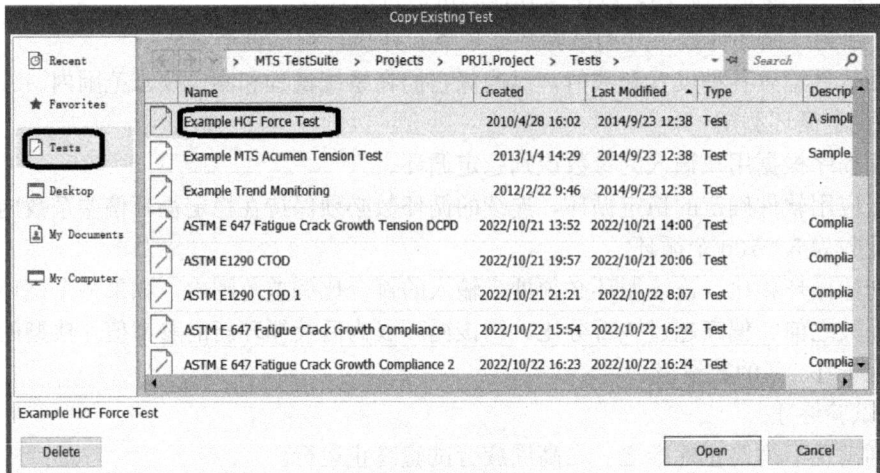

（b）从已有的试验创建

图 2-19　创建高周疲劳试验的两种途径

窗口，点击右上侧的加号（＋）添加一个新的试样。HCF 试样与 LCF 试样的几何形状是一致的，具体试样形状的选择参见图 2-11。

2）HCF 与 LCF 的 Setup Variables（设置变量）窗口也是一样的，具体参数设置参见图 2-12。在输入试样参数后，点击 OK，出现图 2-20 所示高周疲劳力控试验主菜单窗口。

4. 高周疲劳试样参数

与低周疲劳试样一样，常见的高周疲劳试样为圆形、圆管与矩形三种试样，具体参数说明见表 2-1。

二、定义试验参数

高周疲劳（HCF）试验模板需要定义的参数包括：力控试验参数、力控试验终止参数与数据存储参数。

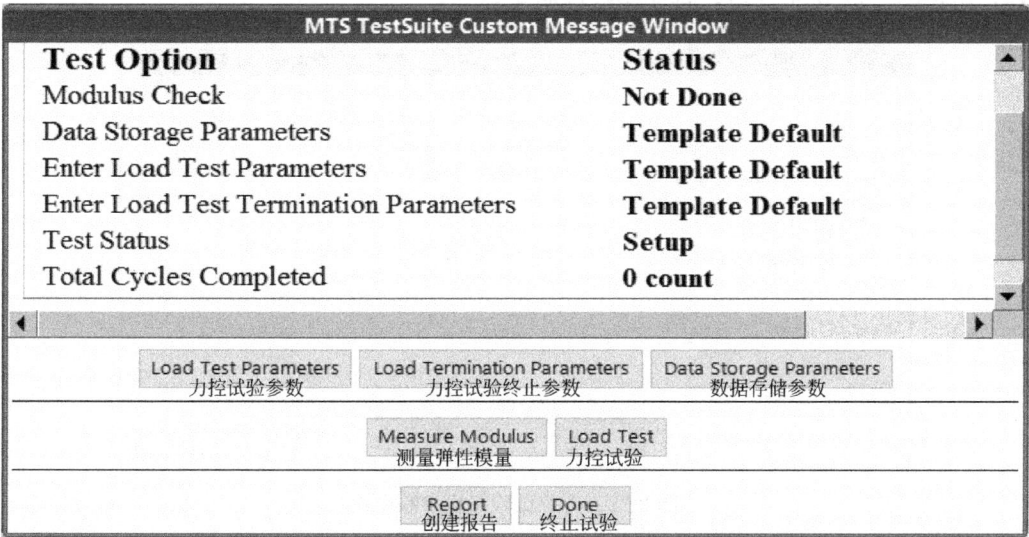

图 2-20　高周疲劳力控试验主菜单窗口

1. 力控试验参数

在图 2-20 所示主菜单窗口，点击 Load Test Parameters（力控试验参数），出现图 2-21 所示窗口，包含如下力控试验参数：

- Waveform（加载波形）；
- Load End level 1（载荷端值 1）；
- Load End level 2（载荷端值 2）；
- Load Frenquency（加载频率）；
- Gage Length Load Control（力控标距长度）。

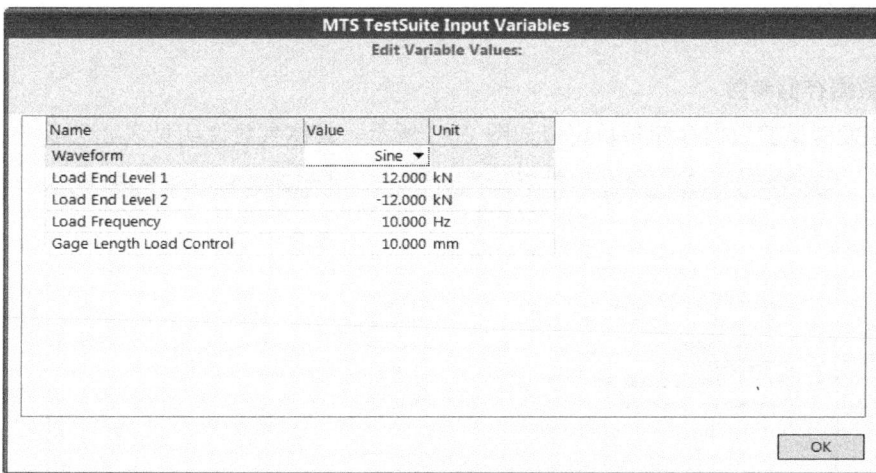

图 2-21　力控试验参数设置

2. 力控试验终止参数

在图 2-20 所示主菜单窗口，点击 Load Termination Parameters（力控试验终止参数），出现图 2-22 所示窗口，具体参数说明见表 2-4。

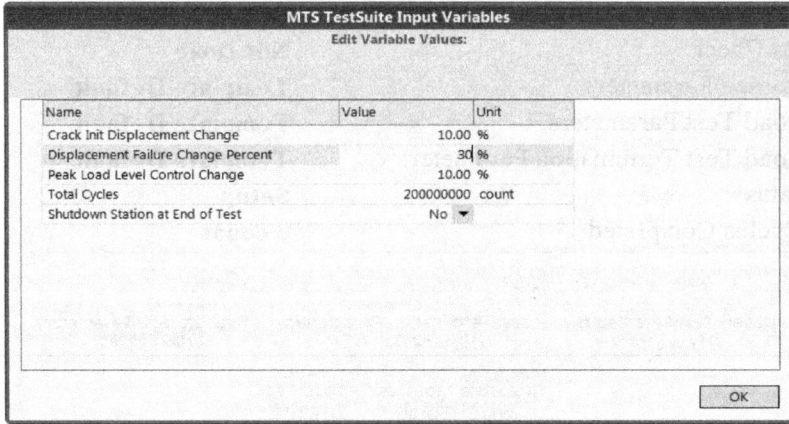

图 2-22　力控试验终止参数设置

力控试验终止参数　　　　　　　　　　　　　　　　　　　　　　表 2-4

参数	描述
Crack Initiation Displacement Change 裂纹初始化位移更改	确定何时发生裂纹初始化稳定循环周次范围的位移百分比更改
Displacement Failure Change Percent 位移失效更改百分数	从稳定循环周次到试样失效的位移范围百分比
Peak Load Level Control Change 峰值载荷端值控制模方切换	试验控制通道错过的没有停止其试验的信号范围(端值百分比)
Total Cycles 总的循环数	指定试验最大的循环数
Shut Down at End of Test 试验终止是否关闭站台	是/否

3. 数据存储参数

力控疲劳试验数据存储参数窗口如图 2-23 所示，具体参数说明见表 2-5。

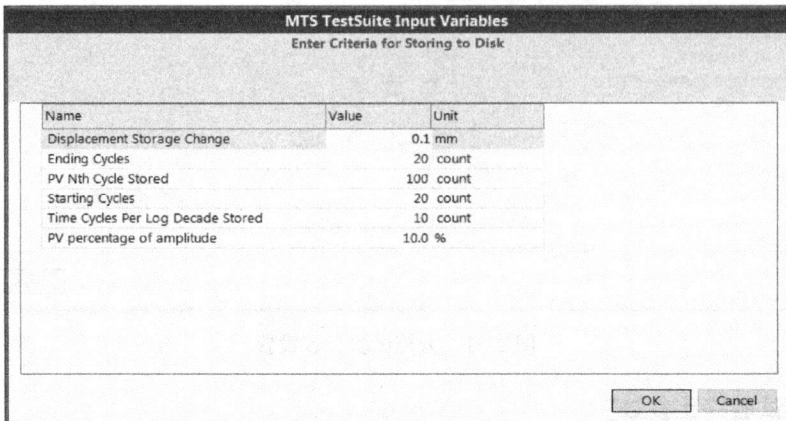

图 2-23　HCF 数据存储参数

力控试验数据存储参数　　　　　　　　　　　　　　　　　表 2-5

参数	描述
Displacement Storage Change 位移存储更改	设置对循环周次进行存储的最大位移变化量
Ending Cycles 结束循环周次	设置试验停止前保存到磁盘的循环周次
PV Nth Cycle Stored 存储的峰谷值 N 个循环周次	设置 N 的值,这是磁盘存储的峰谷值的循环间隔。例如,该参数为 100,则每隔 100 个循环保存数据
Starting Cycles 开始循环周次	设置试验开始运行时保存的最小循环周次
Time Cycles Per Log Decade Stored 每 10 个日志存储的循环周次时间	以对数的形式,设置每 10 个日志存储的循环周次
PV Percentage of Amplitude 振幅的 PV 百分数	用于计算加载噪声带的载荷振幅百分比

三、运行试验

1. 高周疲劳（HCF）试验过程

1）在图 2-20 所示主菜单窗口，点击 Load Test（力控试验），出现图 2-24 所示窗口，提示验证在运行时显示的试验参数，点击 Run Test（运行试验）开始力控试验，或者点击 Change Parameters（更改参数）返回主菜单窗口并更改参数。

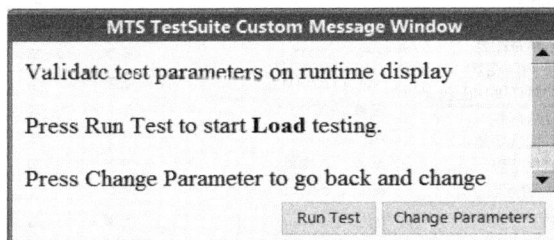

图 2-24　高周疲劳验证试验参数

2）在图 2-20 所示主菜单窗口，点击 Run Test（运行试验）开始测试。

注：该模板允许用户为测试设置开始的循环数或重新开始，默认从上一次最后一个循环开始，该对话框出现在按下运行按钮之前。

3）点击 Run（运行）后按钮的颜色改变。

2. 创建一个疲劳测试报告

在主菜单点击 Report（报告），应用程序打开 Excel 软件，Creating Report（创建报告）窗口显示应用程序创建试验报告的过程。用户可通过 Reporter Add-In（报告增添）自定义输出，对报告输出内容进行修改。

3. 试验结束

当试验完成之后，用户可运行试验报告。试验报告有多种选项以满足标准报告的要求。当用户生成报告时，可以点击 Done（完成）终止试验。用户结束试验之后，将不能继续进行这个试验。

31

四、查看试验结果

试验结束后，用户可查看试验结果：

- 在 Explorer（资源管理器）面板，点击 test run（试验运行）的名称；
- 点击 Results（结果）；
- 点击不同类型的表格，查看不用类型的试验结果。

五、分析数据

高周疲劳（HCF）试验模板预先配置的分析定义，符合 ASTM 标准的分析部分。分析定义可使用 Fracture Analyzer（断裂分析器）分析试验数据。在启动中文版软件后，打开已有的 HCF 试验，选择一个试验运行，右键新建分析试验运行后，选择添加分析，出现图 2-25 所示窗口。

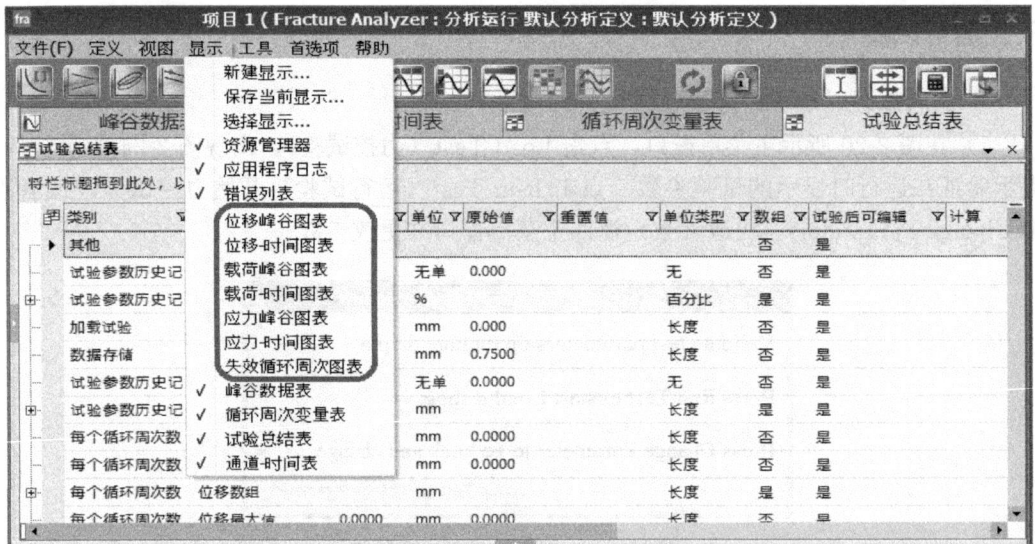

图 2-25　高周疲劳（HCF）试验数据分析

1. 常用的数据表格

1）峰谷数据表

峰谷数据的表格包括：

- 载荷；
- 应力；
- 应变；
- 位移。

2）循环周次变量表

循环周次变量包含循环变量的信息；如果在分析过程中修改了数值，会在重置列中出现重置标记，这个数值不同于初始数值列中的数值，更改的数值不会替代与更换原始测试结果的数据。

3）试验总结表

试验总结表包含了试验变量的信息，如果这些数值在分析中被修改，会在重置列中出现重置标记，这个数值不同于初始数据列的数值，更改的数据不会替代与更改原始测试结果的数据。表格包括：

- 分类；
- 显示名称；
- 数值；
- 单位；
- 修改；
- 初始数值；
- 范围；
- 数组；
- 计算。

4）通道-时间表格

通道对时间的数据表是在 Data Acquisition（数据采集）过程中存储在数组中的数据，点击下滑按钮选择采集的数据。通过点击 Numeric（数字）或 Variable（变量）按钮选择一个或多个数字或变量，默认的数组包括：

- 循环索引；
- 数组索引；
- 运行时间数组；
- 位移数组；
- 载荷数组；
- 应力数组。

2. 数据结果图形

报告的数据提供了可视化的图形效果。对于图 2-25 中没有选中的图形选项，如果需要也可以选择，具体包括：

1）位移峰谷图表：显示每个试验循环的位移峰谷值。

2）位移-时间图表：显示试验过程中位移的变化。

3）载荷峰谷图表：显示每个试验循环的载荷峰谷值。

4）载荷-时间图表：显示在试验过程中载荷的变化。

5）应力峰谷图表：显示每个试验循环的应力峰谷值。

6）应力-时间图表：显示试验过程中应力的变化。

7）失效循环周次图表：显示失效点在 Y 轴变量的标记，以及半循环寿命循环的峰值。

第四节　疲劳转换试验模板

疲劳转换试验模板首先是应变控制，在经过一段时间的应变控低周疲劳（LCF）试验后，如果满足转换条件就转为力控高周疲劳（HCF）试验。转换试验模板参数设置包括：

LCF 参数、HCF 参数和转换试验参数。本章前两节已详细介绍 LCF 参数与 HCF 参数，以及转换试验的查看试验结果与分析结果数据的内容，本节仅介绍转换试验及其相关的参数设置。

一、转换试验

1. 转换试验模板

启动 MTS TestSuite 软件后，点击 File（文件）→New（新的）→Test from Template（模板的试验），选择 Transition Test（转换试验）模板，或者打开已有的转换试验，在完成与 LCF 试样参数一样的设置之后，出现图 2-26 所示转换试验参数设置的主菜单窗口。

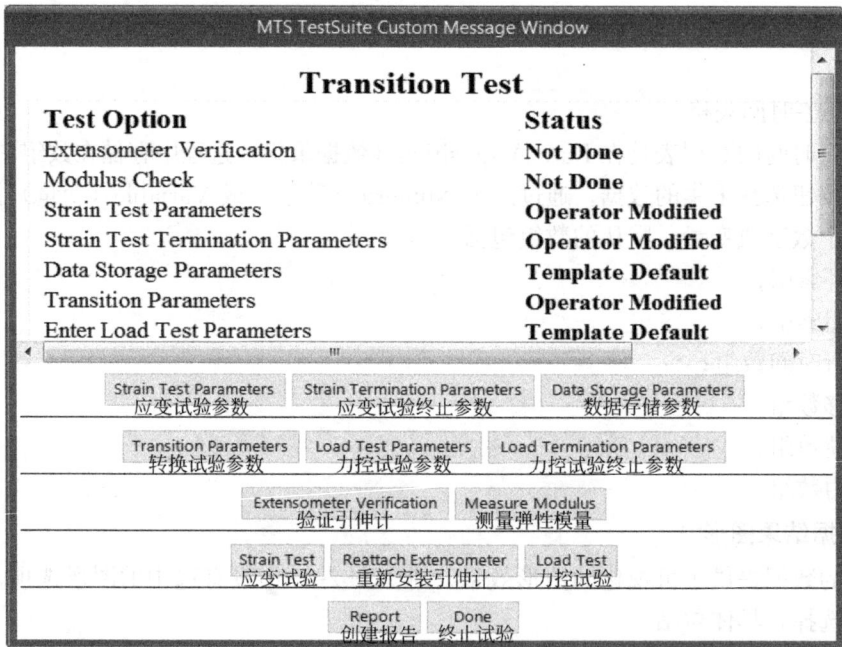

图 2-26　转换试验参数设置主菜单

2. 转换试验参数

点击 Transition Parameters（转换试验参数）按钮，出现图 2-27 所示转换试验参数设置窗口。

转换参数包括：

1）非弹性应变转换极限：非弹性应变极限不得超出转换的限定。

2）测试时间极限：转换前试验所需运行的时间量。

3）转换最大应力百分比更改：不能超出转换最大应力百分比的更改量。

4）转换监测分钟数：针对转换标准对分钟数最后一位进行监测。

5）转换应力比 A 更改百分比：不能超出转换应力比 A 百分比更改。

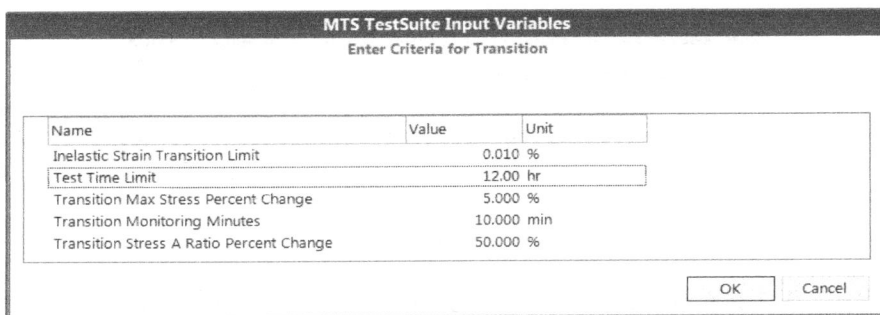

图 2-27　转换试验参数设置

二、运行转换试验

首先运行应变控低周疲劳（LCF）试验，然后在监测期间监测转换条件，如果满足转换条件，转换成力控高周疲劳（HCF）试验，运行高周疲劳试验直至满足力控试验终止条件，终止试验。

1. 应变控低周疲劳（LCF）试验

在图 2-26 所示主菜单窗口中，需要设置 Strain Test Parameters（应变试验参数）、Strain Termination Parameters（应变试验终止参数）以及 Data Storage Parameters（数据存储参数），有关这些参数的设置见本章第二节"定义试验参数"。在设置完成 Transition Parameters（转换试验参数）后，点击 Strain Test（应变试验）按钮，开始应变控低周疲劳试验。

2. 转换试验监测

在应变控低周疲劳试验期间，当运行时间等于测试极限时间减去转换监测时间时，开始监测如下条件：

1）塑性应变不超过塑性应变转换极限；

2）最大应力的变化量不超过最大应力百分数的改变量；

3）应力比 A 的变化量不超过应力比百分数的改变量。

在指定的转换监测期间进行监控，如果测试满足以上条件，应用软件显示图 2-28 所示窗口，提示：满足转换标准，点击 OK 终止应变控制并转换成力控制。点击 OK 后出现图 2-29 所示转换试验标准完成窗口，点击 OK 后，返回到转换试验参数设置主菜单窗口。

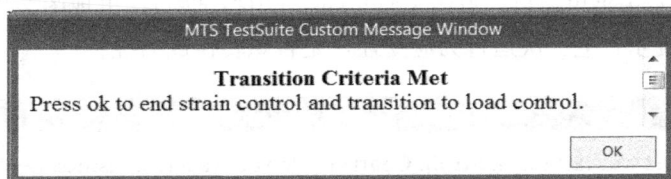

图 2-28　应变控到力控确认转换

3. 力控高周疲劳（HCF）试验

在图 2-26 所示主菜单窗口，点击 Load Test Parameters（力控试验参数）按钮，出现

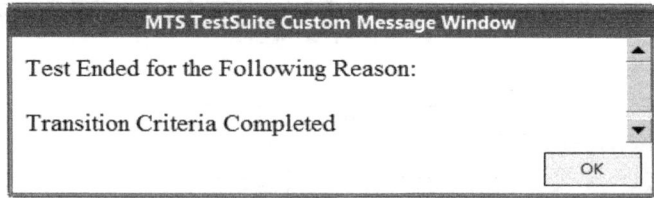

图 2-29　转换试验标准完成

图 2-30 所示力控试验参数设置窗口，参数包括：载荷端值 1、载荷端值 2、试验频率。其中，载荷端值 1 与载荷端值 2 是软件根据应变控结束试验时的峰谷值自动设置的，用户只需要设置加载频率即可。

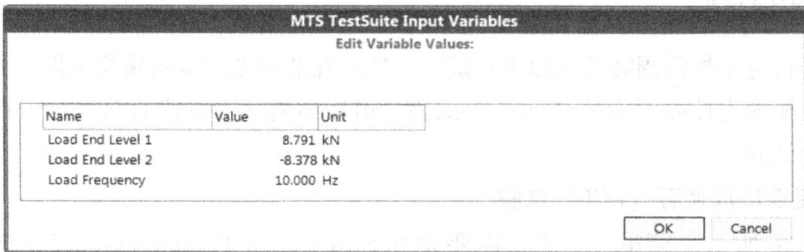

图 2-30　力控试验参数设置

在图 2-26 所示主菜单窗口，点击 Load Termination Parameters（力控终止试验参数），出现图 2-31 所示力控终止试验参数设置窗口。试验终止参数包括：裂纹初始化位移更改、位移失效更改百分数、峰值载荷控制方式切换。

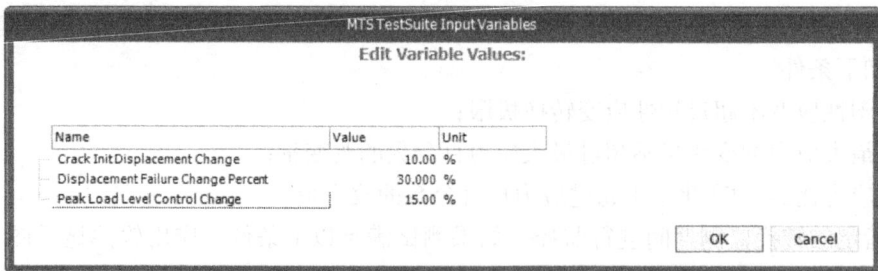

图 2-31　力控终止试验参数设置

在图 2-26 所示主菜单窗口，点击 Load Test（力控试验），出现图 2-32 所示控制方式转换确认窗口，提示：上一次运行为应变控，是否想转换成力控？

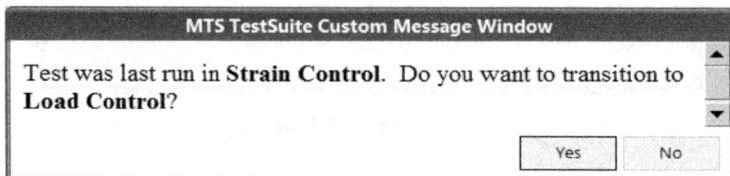

图 2-32　控制方式转换确认

　　在图 2-32 中点击 Yes 后，出现图 2-33 所示窗口，提示：验证在运行时显示的试验参数，点击 Run Test（运行试验）开始力控试验，直至满足力控终止试验参数，试验停止。

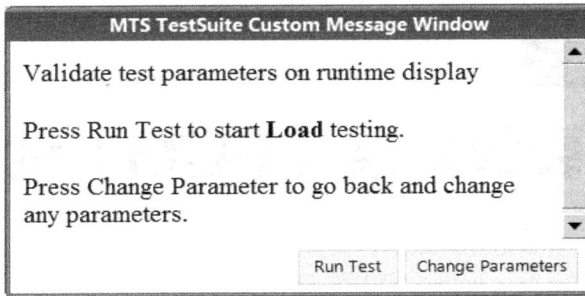

图 2-33　力控试验验证试验参数

第三章
疲劳裂纹扩展（FCG）试验

MTS Test Suite 提供了两个版本的疲劳裂纹扩展（FCG）试验模板，都符合 ASTM 标准 E647-08 的要求，分别是：ASTM E 647 Fatigue Crack Growth Compliance（疲劳裂纹扩展柔度法）；ASTM E 647 Fatigue Crack Growth DCPD（疲劳裂纹扩展直流电位法）。

两个模板的主要区别在于测量裂纹长度的方式不同。柔度法是通过 COD 规测量裂纹尖端张开位移，从而得到裂纹长度；直流电位法（DCPD）是通过导线测量试样的电位变化，而电位的变化又与裂纹长度相关。

疲劳裂纹扩展（FCG）试验模板的主要特点如下：

● 模板主窗口指导用户设置试验的所有参数，检查裂纹长度，预制裂纹，并运行试验；

● 在试验运行过程中，用户可停止试验，并改变试验参数；

● 全面的监控视图帮助用户监测试验进度；

● 表格和图形显示便于查看试验结果；

● 分析定义提供了所有必要的分析计算和分析试验运行的视图；

● 报告模板帮助用户分析运行并生成报告。

第一节 疲劳裂纹扩展（FCG）试验模板

本节介绍疲劳裂纹扩展（FCG）试验的模板，主要包括以下 5 个部分的内容：建立试验；定义试验参数；运行试验；查看试验结果；分析数据。

一、建立试验

1. 创建一个试验

1）从模板创建新的试验

在 TestSuite 软件中点击 File（文件）→New（新的）→Test from Template（模板的试验），选择 ASTM E647 Fatigue Crack Growth Compliance 模板[图 3-1(a)]，或选择 ASTM E647 Fatigue Crack Growth Tension DCPD 模板[图 3-1(b)]。

2）从已有的试验创建新的试验

在 TestSuite 软件中点击 File（文件）→New（新的）→从 Test from Existing Test（已有的试验），选择 ASTM E647 Fatigue Crack Growth Compliance-2020-L114-CT40 ［图 3-1(c)］，或选择 ASTM E647 Fatigue Crack Growth Tension DCPD-2021-L116-CT40 ［图 3-1(d)］。

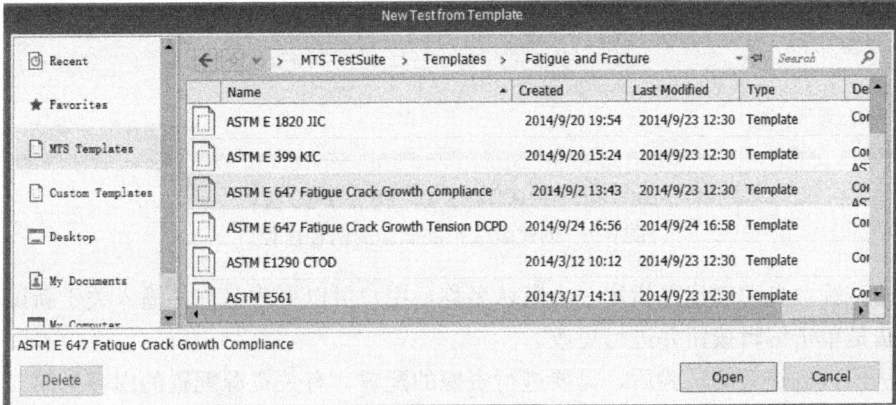

（a）从模板创建（柔度法）

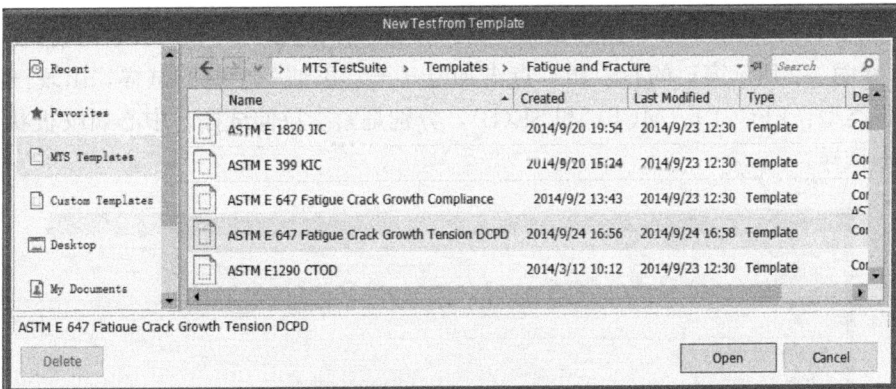

（b）从模板创建（DCPD 直流电位法）

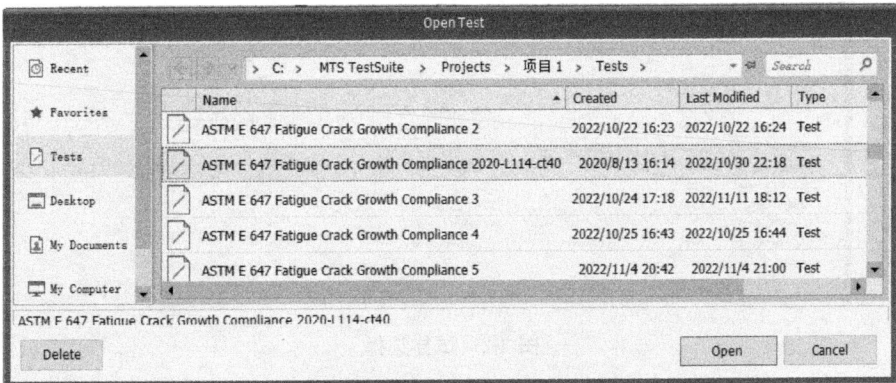

（c）从已有的试验创建（柔度法）

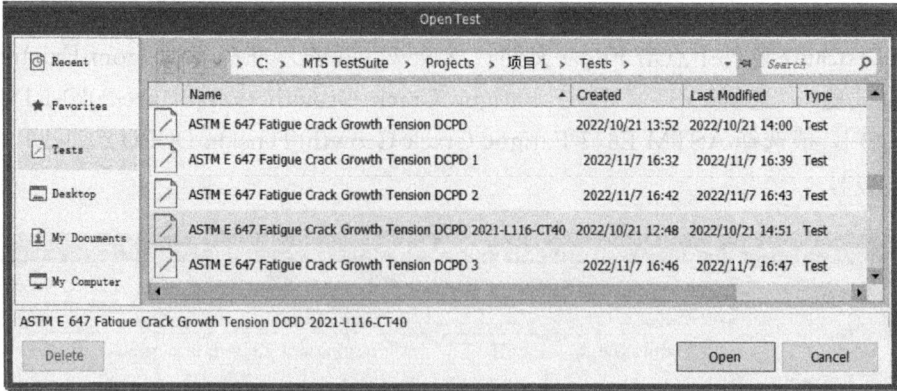

（d）从已有的试验创建（DCPD 直流电位法）

图 3-1　创建裂纹扩展试验的两种途径

　　新的试验会自动创建并指定一个默认名称，用户可以更改名称并输入关于新试验的注释，方法是单击编辑按钮并进行更改。

　　在从模板创建新的试验后，需要进行资源的配置，有关资源配置的内容见第二章第一节的介绍。

2. 创建一个新的试验运行

1）点击 New Test Run（新建试验运行）按钮，出现图 3-2 所示的试样选择窗口。

2）在图 3-2 所示窗口的右上角，点击加号（＋）添加一个新的试样，出现三种可选择的试样类型：FFC(T)、M(T) 和 SE(B)，分别是紧凑拉伸试样、中心裂纹板状试样和三点弯曲试样。

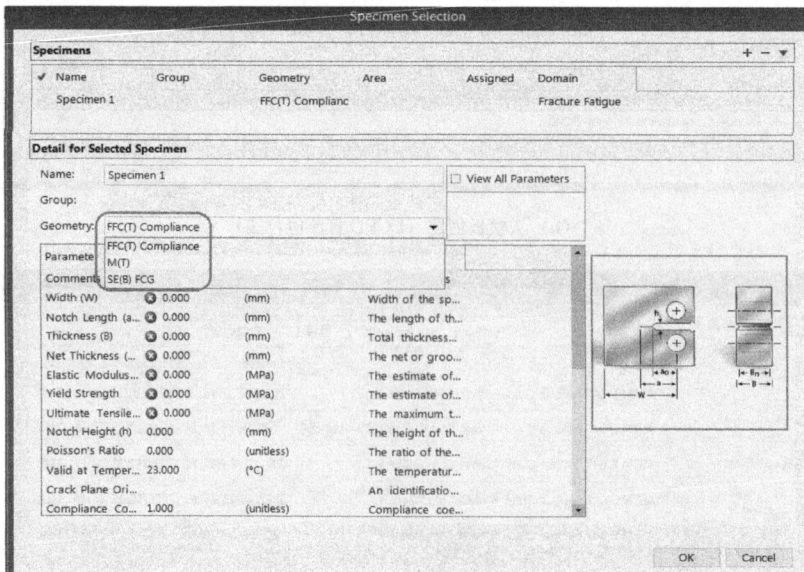

图 3-2　试样选择

二、定义试验参数

在输入试样参数后点击 OK，出现图 3-3 所示的 FCG 主菜单窗口，其中图 3-3(a) 为柔度法，图 3-3(b) 为 DCPD 直流电位法，该窗口提供了所有必要的疲劳裂纹扩展试验参数的设置。图 3-3(a) 柔度法主菜单窗口的参数按钮包括：①预制裂纹参数；②裂纹扩展参数；③数据存储参数；④试验终止；⑤指定预制裂纹结果；⑥计算器；⑦裂纹长度检查；⑧预裂试样；⑨FCG 试验；⑩输入裂纹尺寸；⑪结束。图 3-3(b) 直流电位法主菜单窗口中的参数按钮，仅将柔度法的"裂纹长度检查"换成了"输入初始裂纹"。

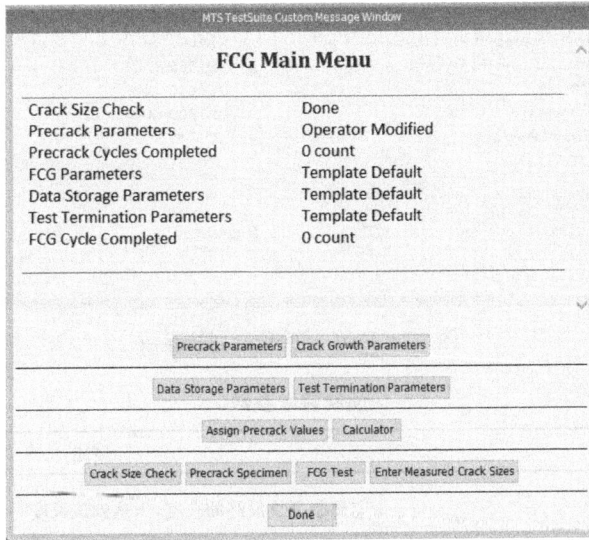

（a）柔度法

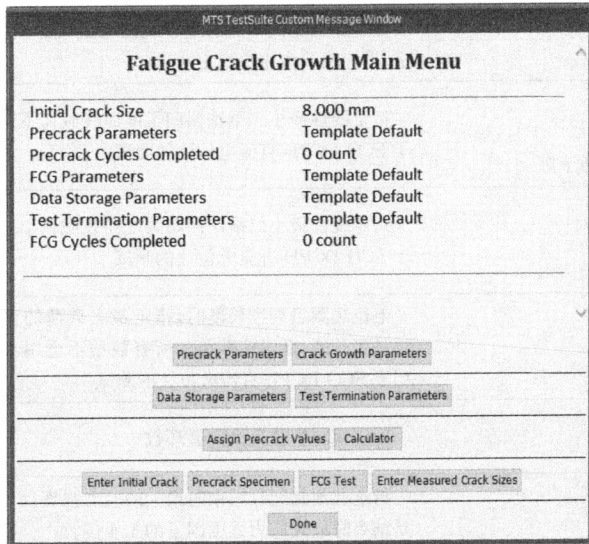

（b）DCPD 直流电位法

图 3-3 FCG 试验主菜单的参数

1. 预制裂纹参数

在图 3-3(a) 的主菜单窗口，点击 Precrack Parameters（预制裂纹参数）按钮后，出现图 3-4 所示预制裂纹参数窗口，有关预制裂纹参数的具体说明见表 3-1。

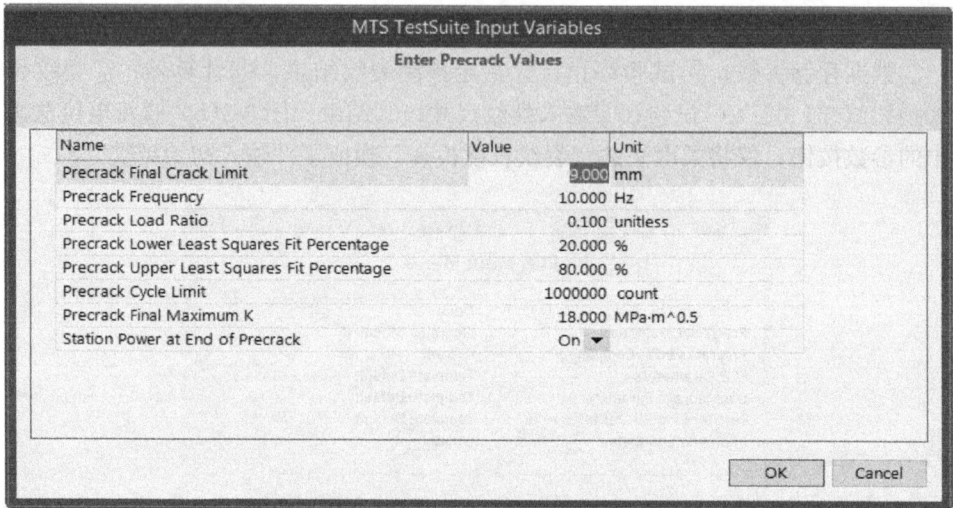

```
                    MTS TestSuite Input Variables
                      Enter Precrack Values

  Name                                          Value        Unit
  Precrack Final Crack Limit                    9.000        mm
  Precrack Frequency                            10.000       Hz
  Precrack Load Ratio                           0.100        unitless
  Precrack Lower Least Squares Fit Percentage   20.000       %
  Precrack Upper Least Squares Fit Percentage   80.000       %
  Precrack Cycle Limit                          1000000      count
  Precrack Final Maximum K                      18.000       MPa·m^0.5
  Station Power at End of Precrack              On ▼

                                            OK        Cancel
```

图 3-4　FCG 试验预制裂纹参数

预制裂纹参数 表 3-1

参数	描述
Precrack Final Crack Limit 预制最终裂纹极限	指定预制裂纹最终的长度,当达到该长度时,预制裂纹结束
Precrack Frequency 预制裂纹频率	为预制裂纹指定命令信号的频率
Precrack Load Ratio 预制裂纹载荷比	指定施加到试样上的最小载荷与最大载荷之比。最小载荷由该值决定,最大载荷由用户指定
Precrack Lower Least Squares Fit Percentage 预制裂纹最小二乘法百分数下限	指定线性最小二乘法回归柔度曲线载荷下限的百分数,该参数不适用于 FCG DCPD 直流电位法的测试
Precrack Lower Upper Squares Fit Percentage 预制裂纹最小二乘法百分数上限	指定线性最小二乘法回归柔度曲线载荷上限的百分数,该参数不适用于 FCG DCPD 直流电位法的测试
Precrack Measure Load Level Percent 预制裂纹测量载荷百分数	电位法测量裂纹长度时,指定最大载荷的百分数,施加该载荷确保裂纹是张开的,低于该载荷的所有数据不会用于计算裂纹长度,该参数仅用于 FCG DCPD 直流电位法的测试
Precrack Cycle Limit 预制裂纹循环数极限	指定预制裂纹最大的循环数
Precrack Final Maximum K 预制裂纹最终 K_{max}	指定在预制裂纹结束时最大的应力强度因子,初始最大应力强度因子是结束时最大应力强度因子的 1.4 倍
Shutdown Station at End of Precrack 预制裂纹结束关闭站台	选择 Yes 将启动自锁,如果需要可关停液压

2. 裂纹扩展参数

在图 3-3(a) 的主菜单窗口，点击 Crack Growth Parameters（裂纹扩展参数），用户可选择试验的控制方式有两种（图 3-5）：

1) Constant Load（恒载），即试验在指定的最大载荷与最小载荷之间循环，具体参数见表 3-2。

2) Delta K（ΔK），即试验在最大载荷与最小载荷之间循环，而该载荷是由最大与最小应力强度因子确定的，具体参数见表 3-3。

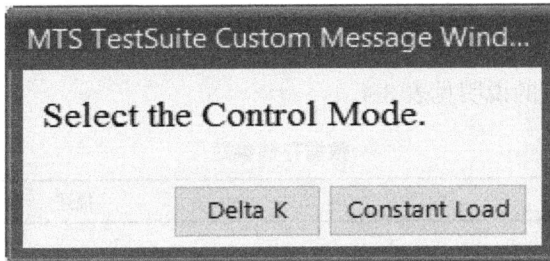

MTS TestSuite Custom Message Wind...

Select the Control Mode.

[Delta K] [Constant Load]

图 3-5　裂纹扩展试验的控制方式

恒载荷控制方式参数　　表 3-2

参数	描述
FCG Load Ratio 载荷比	指定施加在试样上最小载荷与最大载荷之比,最小载荷是由该值确定,而最大载荷是由用户指定
FCG End Level 1 FCG 端值 1	指定控制信号的最大载荷
FCG Frequency FCG 试验频率	指定指令信号的循环频率
FCG Wave Shape FCG 波形	指定指令信号的波形,选项是 True Sine(真正弦)或 True Ramp(真斜波)。对于均匀应变率敏感性的材料,通常使用真斜波,而对于连续变化的应变率可以接受的情况,高频率的测试,可采用真正弦 注:MTS 这个模板不支持保持时间或者蠕变-疲劳裂纹扩展的测试
FCG Measure Load Level Percent 测量载荷端值百分数	电位法测量裂纹长度时,指定最大载荷的百分数,施加该载荷确保裂纹是张开的,低于该载荷的所有数据不会用于计算裂纹长度,该参数仅用于 FCG DCPD 直流电位法的测试

ΔK 控制方式参数　　表 3-3

参数	描述
FCG Load Ratio 载荷比	指定施加在试样上最小与最大应力强度因子之比,最小应力强度因子由该值确定,而最大应力强度因子由用户指定
FCG Initial - K_{Max} FCG 初始 K_{Max}	在 ΔK 控制试验中,指定最大初始应力强度因子
Normalized K Gradient(C) 归一化 K 梯度	指定应力强度因子随着裂纹长度的变化率,该值如果为负数,会引起应力强度因子的降低

续表

参数	描述
FCG Frequency 频率	指定循环的频率
FCG Wave Shape FCG 波形	见表 3-2
FCG Measure Load Level Percent 测量载荷端值百分数	见表 3-2

3. 数据存储参数

有关数据存储参数的说明见表 3-4。

数据存储参数 表 3-4

参数	描述
Precrack Save Percent Limit 预制裂纹存盘百分比极限	指定在数据存储之前,需要完成预制裂纹活动的百分比
Store Every Nth Precrack Cycle 预制裂纹循环存盘间隔	指定预制裂纹期间存储磁盘的循环间隔
Crack Size Change Store 裂纹长度变化存储	指定裂纹增长多少后进行存储,通常用户不用每个循环进行存储,只有裂纹增长到一定长度之后,才进行存储,比如 0.05mm
FCG Lower Least Squares Fit Percentage 最小二乘法载荷下限	指定线性最小二乘法回归柔度曲线载荷下限的百分数,该参数不适用于 FCG DCPD 直流电位法的测试
FCG Upper Least Squares Fit Percentage 最小二乘法载荷上限	指定线性最小二乘法回归柔度曲线载荷上限的百分数,该参数不适用于 FCG DCPD 直流电位法的测试
FCG N Cycle Save FCG 循环存储周次	指定试验期间存储磁盘的周期间隔,通常情况下,该值超过 10000

4. 试验终止参数

试验终止参数的设置见表 3-5。

试验终止参数 表 3-5

参数	描述
FCG Final Crack Limit FCG 最终裂纹极限	指定裂纹扩展的最终极限长度,如果超限,试验终止
FCG Crack Growth Rate Limit 扩展速率极限	指定疲劳裂纹扩展速率极限范围,如果超限,试验终止
Outside Crack Growth Limits Allowed FCG 扩展速率超限数	在应用软件终止试验之前,指定超出疲劳裂纹扩展速率极限的循环次数
FCG Cycle Limit FCG 循环数极限	指定试验终止前的最大循环数,该参数不适用于 FCG DCPD 直流电位法
Shut Down Station at End of Test 试验终止关闭站台	选择 Yes 将会引起自锁启动,如果需要可关停液压

5. 指定预制裂纹参数

如果试样是在另一台试验设备完成的预制裂纹，就需要在本试验设备上指定预制裂纹参数（表 3-6）。如果预制裂纹就是在该试验设备上完成的，可忽略这部分内容。

指定预制裂纹参数　　表 3-6

参数	描述
Precrack Cycles Completed 完成的预制裂纹循环数	指定预制裂纹结束时的循环数
Precrack Final Crack Size 预制裂纹最终裂纹尺寸	指定由柔度法预制裂纹的最终裂纹长度
Precrack Final P 预制裂纹结束阶段载荷	指定预制裂纹终止时载荷值
Precrack P Maximum 预制裂纹最大载荷	指定预制裂纹过程中最大载荷值
Precrack Final K 预制裂纹终止时 K 值	指定预制裂纹终止时 K 值
Precrack K Maximum 预制裂纹最大 K 值	指定预制裂纹过程中最大 K 值
Precrack Comments 预制裂纹注释	对预制裂纹的任何附加说明

6. 计算器

用户可用图 3-6 所示计算器计算一个新试样的载荷，也可用计算器计算应力强度因子（K）。载荷是由裂纹长度与应力强度因子（K）计算得到（具体参数见表 3-7）；而应力强度因子（K）是由裂纹长度与载荷计算得到（具体参数见表 3-8）。

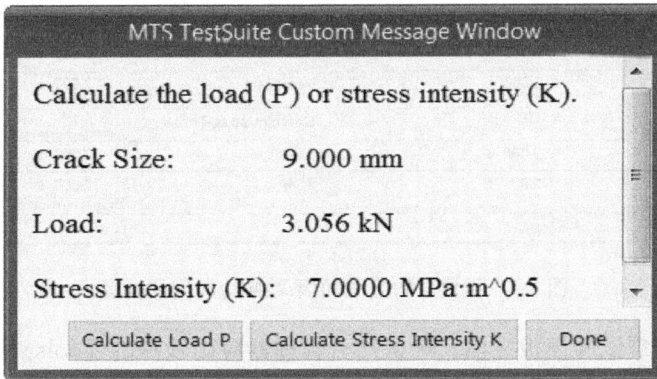

图 3-6　计算载荷与应力强度因子的计算器

通常在检查裂纹长度之后，用户需使用计算器。如果完成裂纹长度的检查，TestSuite 应用软件可为计算器提供裂纹长度。用户也可手动输入裂纹长度，且用户必须手动输入载荷或应力强度因子数值，利用计算器计算另一个数值

载荷计算参数　　表 3-7

参数	描述
Crack Size 裂纹尺寸	指定用于载荷计算的裂纹尺寸
Stress Intensity K 应力强度因子	指定用于载荷计算的应力强度因子（K）值

应力强度因子计算参数	表 3-8
参数	**描述**
Crack Size 裂纹尺寸	指定用于应力强度因子计算的裂纹尺寸
Load 载荷	指定用于应力强度因子计算的载荷值

三、运行试验

1. ΔK 控制 Setpoint（设置点均值）/Span（幅值系数）的时间

MTS 提供的断裂试验模板，需计算 ΔK 控制断裂测试的设置点均值和幅值系数。例如，断裂试验模板使用 ΔK 控制预制试样的疲劳裂纹，疲劳裂纹扩展试验模板也可选择 ΔK 控制的试验。

当断裂试验的模板使用 ΔK 控制时，以 1.0s 的时间向 793 站台管理器计算与发送设置点均值和幅值系数。然而，站台管理器软件默认的设定时间是 2.0s（图 3-7），以完成设置点均值/幅值系数的动作。当站台管理器的设置点均值/幅值系数的时间，慢于断裂试验模板设置点均值/幅值系数的更新速率时，在试验模板 ΔK 控制发出新的设置点均值/幅值系数指令前，控制器可能无法完成斜波的指令。

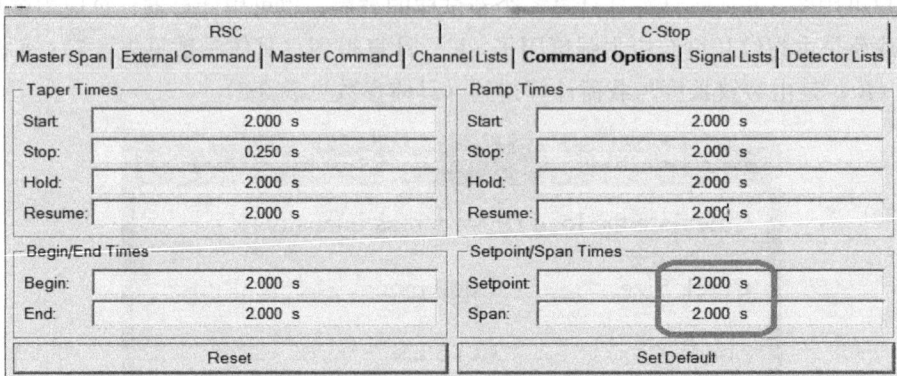

图 3-7　设置点均值/幅值系数响应时间的设置

运行 MTS 断裂试验模板之前，确认站台管理器应用软件的 Tools（工具）→Channel Options（通道选择）→Command Options（指令选择）→Setpoint/Span Times（设置点均值/幅值系数）的时间设置为 0.5s。

注意：减少 793 站台管理器应用软件设置点均值/幅值系数的时间，可能导致试样或设备的损坏。

在测试完成之后，加快设置点均值/幅值系数的响应时间，可能对其他的作动缸指令过快，引起试样或设备的损坏。在断裂试验运行完成之后，用户将设备用作其他用途时（例如，安装或拆卸试样），需要将站台管理器的应用软件的设置点均值/幅值系数的时间调回原值，即 2.0s。

2. 启动液压源

使用控制面板启动液压源的步骤如下：

1）如果 Interlock（自锁）指示灯闪亮，点击 Reset（重置）消除系统自锁。如果自锁灯仍然起作用，查看信息日志，消除引起自锁的因素。

注意：启动液压，会导致作动缸的突然移动。一个移动的作动缸可能会伤害其路径上的人员。在启动液压源之前，务必清理作动缸工作空间。

2）点击 Low Power（低压），该动作让液压源处于高压，集流阀处于低压。

3）点击 High Power（高压），该动作让集流阀高压工作。

3. 完成裂纹尺寸检查

将载荷施加到试样上，并使用 COD 规测量裂纹张开位移，验证裂纹尺寸与弹性模量。裂纹长度的检查步骤如下：

1）在图 3-3(a) 所示主菜单点击 CSC（裂纹尺寸检查），出现图 3-8 所示裂纹长度检查窗口。

2）可选择点击 Change Parameters（更改参数），这些参数决定着如何测量裂纹尺寸，以及如何计算裂纹尺寸与弹性模量（具体参数说明见表 3-9）。

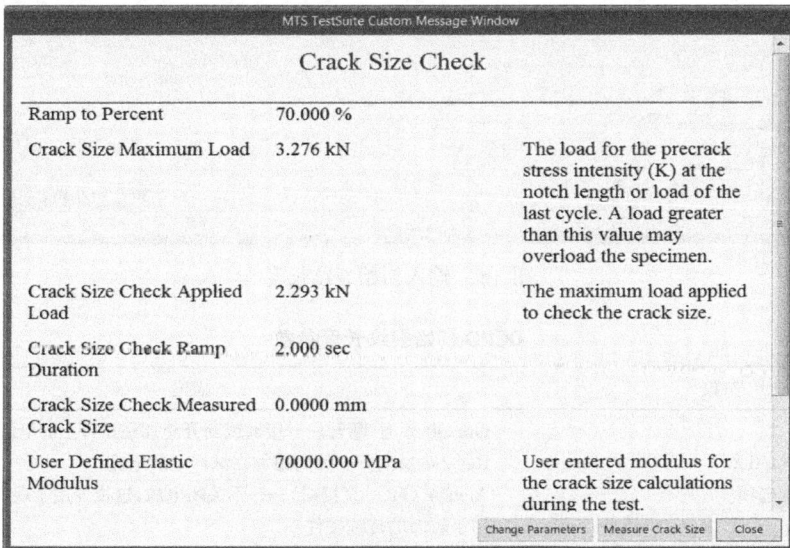

图 3-8　裂纹长度检查

检查裂纹尺寸　　　　　　　　　　　　　　　　　　　　　　　　　　　　表 3-9

参数	描述
Entered Crack Size 输入裂纹长度	指定用于计算弹性模量的裂纹尺寸
Elastic Modulus 弹性模量	指定用于计算裂纹尺寸的弹性模量
Ramp to Percent 斜波到百分数	为测量裂纹尺寸,指定施加在试样上的载荷百分数,即载荷从零加载到指定载荷的百分数
Ramp Time 斜波加载时间	指定从零到目标载荷的斜波加载时间

3）点击 Measure Crack Size（测量裂纹尺寸）。

4）在控制面板上点击 Run（运行），开始裂纹尺寸的测量，如果用户想查看或更改参数，点击 Return to Main Menu（返回到主菜单）。

5) 测量裂纹结束，点击 Close（关闭）。

4. 输入 DCPD（直流电位法）初始裂纹数值

直流电位法需要对试样施加载荷，并测量试样裂纹两端的初始电压。

1) 在图 3-3(b) 的主菜单窗口，点击 Enter Initial Crack（输入初始裂纹长度）按钮，出现图 3-9 所示输入初始裂纹长度窗口。

2) 表 3-10 所示 DCPD 初始裂纹长度参数决定了施加的载荷以及如何测量电压。

3) 查看参数。点击 Yes，确认显示的参数；点击 No，则返回到主菜单，可更改参数。

4) 在控制面板上点击 Run（运行），开始施加载荷，测量初始裂纹电压，用户可点击返回到主菜单，查看并更改参数。

5) 结束后，TestSuite 应用软件返回到主菜单。

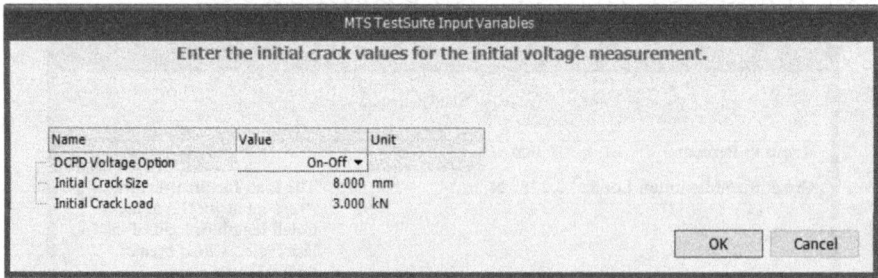

图 3-9　输入初始裂纹长度

DCPD 初始裂纹长度参数　　　　　　　　　　　　　　　　　　　表 3-10

参数	描述
DCPD Voltage Option 直流电位法电压选项	On/Off 接通/断开——接通或断开施加在试件上的电流； Reverse 反向——反向施加在试样上的电流； Always On(一直接通)——不关闭电源，这很少用于现代硬件设备，但可用于较旧的传统硬件
Initial Crack Size 初始裂纹尺寸	指定用于完成电压-裂纹长度校准的裂纹尺寸
Initial Crack Load 初始裂纹载荷	指定测量电压时的载荷水平
Use Reference Specimen 使用参考试样	该选项允许没有参考试样进行测试，尽管 MTS 推荐使用参考试样

5. 预制裂纹

1) 在主菜单窗口点击 Precrack（预制裂纹），出现预制裂纹参数窗口（见图 3-4），设置相关参数。

2) 在控制面板上点击 Run（运行），开始预制裂纹，用户可选择查看并更改参数，也可点击返回到主菜单。在预制裂纹开始后，点击 Hold（保持）暂停，数据采集停止，应用程序保持在载荷平均水平。点击 Stop，预制裂纹停止，应用程序斜波回零，并保存试验数据。

3）为查看预制裂纹的过程，需监测运行实时显示。

4）当到达预制裂纹的长度时，预裂终止，此时可查看预制裂纹的最终结果，点击 Close（关闭）。

5）查看预制裂纹结果，必要时更改一些数值。

6. 运行疲劳裂纹扩展（FCG）试验

1）在图 3-3 主菜单窗口点击 FCG Test（疲劳裂纹扩展试验）。

2）FCG 试验参数如图 3-10 所示。点击 Yes，确认显示的参数；点击 No，则返回到主菜单，可更改参数。

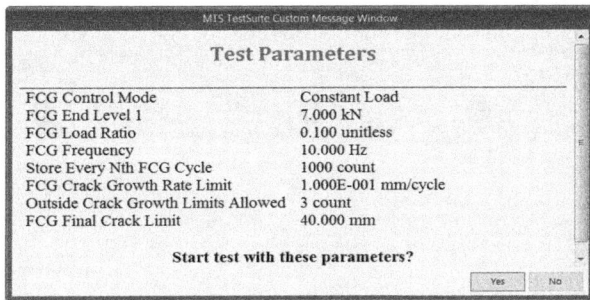

图 3-10　FCG 试验参数确认

3）在控制面板上点击 Run（运行），开始疲劳裂纹扩展试验，用户可选择查看并更改参数，也可点击返回到主菜单。在试验开始后，点击 Hold（保持）暂停试验，数据采集停止，应用程序保持在平均水平。点击 Stop，试验停止，应用程序斜波回零，并保存试验数据。

4）为查看疲劳裂纹扩展测试的过程，需监测运行的实时显示。

5）当满足试验终止参数时，测试停止。此时可查看最终测试结果，点击 Close（关闭）。

在预制裂纹结束或者疲劳裂纹扩展试验结束后，应用软件将自动输入裂纹尺寸。在默认情况下，预制裂纹长度是预制裂纹期间测量的最后一次裂纹尺寸，试验终止的裂纹长度是试验期间测量的最后一次裂纹尺寸，这些裂纹尺寸将被用于数据分析。

7. 终止断裂试验

1）当试验运行结束后，在主菜单窗口点击 Done（完成）。

2）点击 HPU Power Off（液压源关闭）。

3）在 793 站台管理器应用软件中，在该设备站台用于其他用途之前（例如，试样安装与拆卸），应点击 Tools（工具）→Channel Options（通道选项）→Command Options（指令选项）→Setpoint/Span（设置点均值/幅值系数），将响应时间调整到原来的数值。

四、查看试验结果

在试验结束后，用户可查看试验结果。即，在浏览器 Explorer 面板点击试验运行的名称；点击 Results（结果）；单击不同的选项卡，查看不同类型的结果。

图 3-11 所示为试验运行有关试验结果的信息，包括：

①Variable Summary（变量概况），显示试验运行所有的参数以及它们最后的数值。

②Crack Size Check Cycle - Data Acquisition（裂纹尺寸检查-数据采集），显示裂纹检查过程中采集的数据。

③Precrack Command - Data Acquisition（预裂指令-数据采集），显示预制裂纹过程中采集的数据。

④Data Acquisition（数据采集），显示在疲劳裂纹扩展试验过程中采集的数据。试验不会生成任何报告，用户可以用试验后的分析生成试验结果的报告。

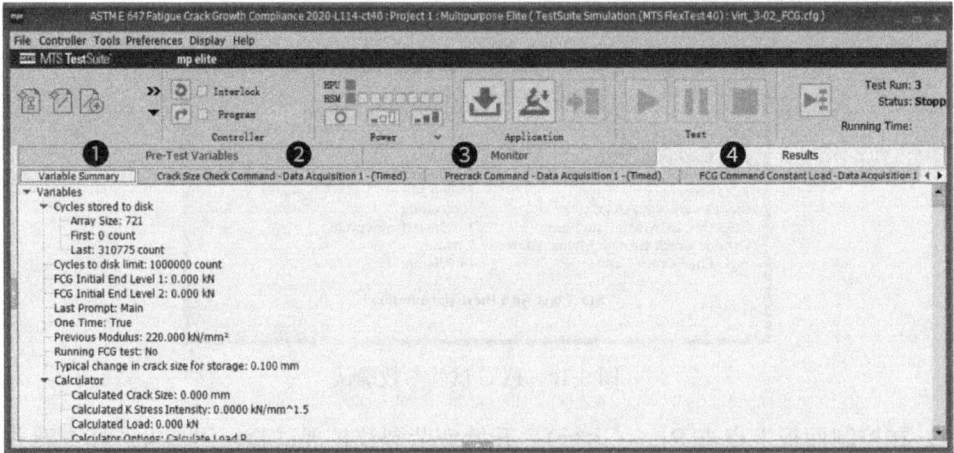

图 3-11　试验结果信息

五、分析数据

该模板预先配置了符合 ASTM 标准分析部分的分析定义。分析定义可用于分析 Fatigue Analyzer（疲劳分析器）或 Fracture Analyzer（断裂分析器）应用程序中的试验运行。

1. 启动断裂分析器的步骤

1）在 TestSuite 工具菜单，点击 Fracture Analyzer（断裂分析器）应用软件，点击 Preference（首选项）→Configuration（配置）→Language（语言），选择 Chinese（中文），重新启动后，断裂分析器成为中文版本，点击文件→打开试验，选择想要分析的 FCG 试验。

2）右键点击用户想要分析的 FCG 试验运行，并选择分析试验运行。

3）输入一个新的定义名称，或者采用默认的名称。

4）点击新建一个分析。

5）选择显示或者接受默认的显示，点击 OK，出现图 3-12 所示 FCG 试验分析窗口。

2. 疲劳裂纹扩展（FCG）试验分析视图

1）FCG 试验分析数据表

在图 3-12 所示 FCG 试验分析窗口中，可选择的分析表格有：①分析输入；②试验总结表；③裂纹长度，K_{max}/K_{min}，载荷与循环数表；④da/dN，ΔK 与循环数表；⑤有效

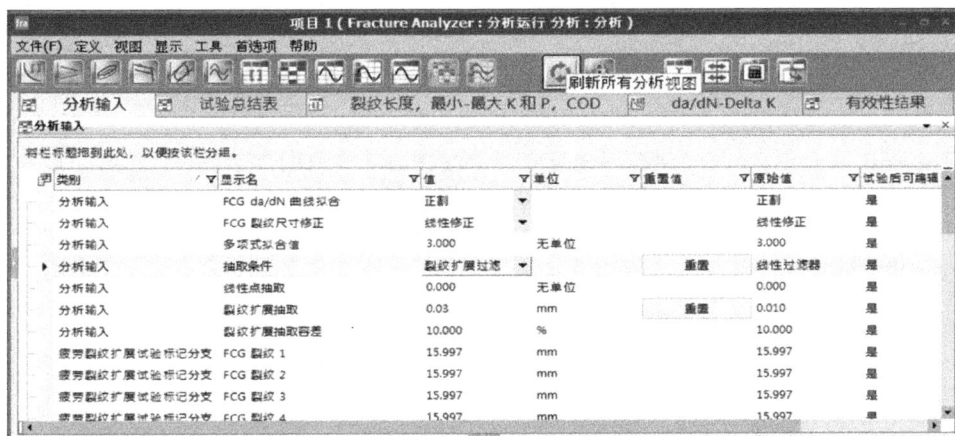

图 3-12　FCG 试验分析

性结果。

①分析输入

分析输入表包含用于分析的参数。在显示名称列中，FCG da/dN 曲线拟合可选用正割或多项式拟合计算方法，用户通过修改输入值做出的更正会在消息日志中说明。在图 3-12 中，当用户单击另一行激活窗口顶部工具栏中的"刷新所有分析视图"按钮并单击该按钮时，应用程序会重新计算分析。用户可通过更改 FCG da/dN 曲线拟合行的数值列，重新计算拟合（da/dN）-ΔK 曲线。刷新数值后，用户修改的值在"重置"列中会有重置标记，原始试验数据不会丢失，也不会改变。

用户可以在表格单元中输入和更改数值。单击另一行以激活"刷新所有分析视图"按钮，然后单击该按钮。在用户指定值的行中，修改后的列将带有重置标记。

②试验总结表

图 3-13 所示为变量概况表格，提供了试验数据的输出，默认情况下，该表包含以下列：

- 显示名；
- 类别；
- 默认值；
- 单位；
- 计算。

③裂纹长度，K_{max}/K_{min}，载荷与循环数表

其默认的表列有：

- FCG 裂纹尺寸数组（不用于 FCG DCPD 直流电位法分析）；
- FCG K_{max}（不用于 FCG DCPD 直流电位法分析）；
- FCG K_{min}（不用于 FCG DCPD 直流电位法分析）；
- FCG P_{max}（不用于 FCG DCPD 直流电位法分析）；
- FCG P_{min}（不用于 FCG DCPD 直流电位法分析）；
- FCG COD 电压数组；

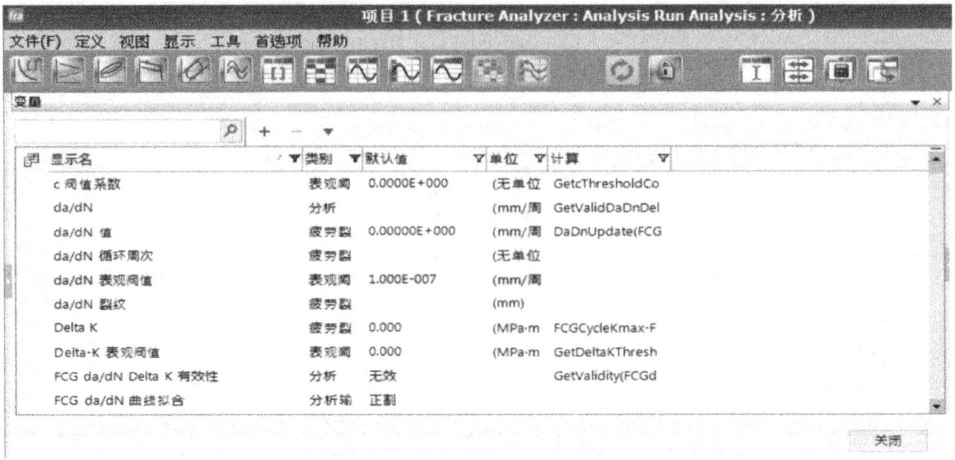

图 3-13　变量概况表格

● FCG 裂纹电压参考值数组。

④da/dN，ΔK 与循环数表

da/dN，ΔK 与循环数的表格，列出了疲劳裂纹扩展 da/dN 数组中采集的所有数据点。如果没有采集到有效的数据点，可能会发生错误。如果使用割线拟合方法，数据点会减少，需要两个有效点，否则可能发生错误。如果使用多项式拟合方法，数据点也会减少，如果有效数据点的数量小于多项式拟合数的两倍加 1，就可能发生错误。有效点的数量被用来计算表观 ΔK 的门槛值，计算中不使用无效的数据点。

下列情况（da/dN）-ΔK 数据不可用，门槛值计算可能失败：

● 最小二乘法回归极限，位于（da/dN）-ΔK 的数据点范围之外；

●（da/dN）-ΔK 有效数据点的数量小于最小二乘法多项式拟合数的两倍加 1。

⑤有效性结果

有效性结果表格包括：显示名称、数值、重置值、原始值与计算，其中显示名称包括有效性准则。数值与初始数值包含的标识是 Yes 或 No。由于试验中数值的改变，试验结果的有效性也会改变。

2）FCG 试验分析图形

图 3-14 所示 FCG 试验分析图形，提供了裂纹扩展速率和影响速率的载荷的直观效果，包括：

①（da/dN）-ΔK 图：描述试样材料在循环载荷下抗稳定裂纹扩展的能力。

②载荷与循环周次图：显示在最后或其他指定循环中，最小值和最大值之间的载荷范围。

③裂纹尺寸与循环周次图：显示一系列循环过程中的裂纹增长。

④K 值与循环周次图：显示应力强度因子 K 在多个循环期间最小值和最大值。

⑤COD 与循环周次图：显示在最后一个或其他指定循环中，最小和最大 COD。

⑥ΔK 与裂纹尺寸图：显示施加的 ΔK 数组与裂纹长度数组之间的关系。

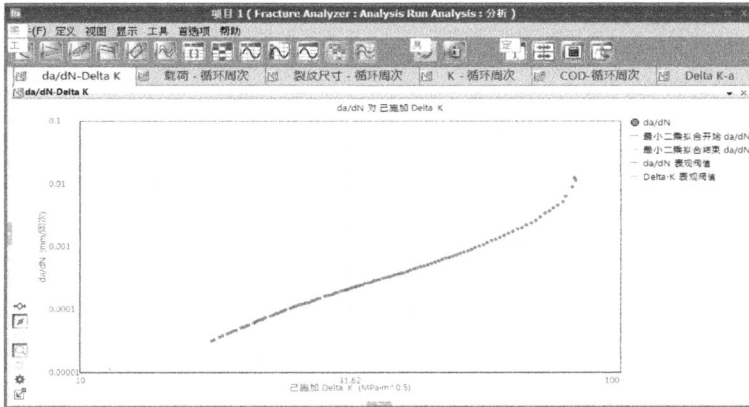

图 3-14 FCG 试验分析图形

第二节 裂纹扩展试验实例

由于柔度法与直流电位法的测试过程基本一致，因此，本节主要以柔度法为例，介绍疲劳裂纹扩展（FCG）试验模板的使用。

一、FFC（T）试样的裂纹扩展速率测试

启动 TestSuite 应用软件，选择从 ASTM E 647 FCG 模板创建试验或者从已有的 FCG 试验创建，进行必要的站台资源分配，选择紧凑拉伸 FFC（T）试样，输入试样参数后，进入 FCG 主菜单窗口。

1. 试样尺寸与预制裂纹

1）试样尺寸与力学参数设置

对图 3-15 所示 FFC（T）紧凑拉伸试样的尺寸与力学性能参数做如下设置：宽度 W $=40.00\text{mm}$，初始裂纹长度 $a_0=8\text{mm}$，厚度 $B=10.00\text{mm}$，净厚度 $B_n=10.00\text{mm}$，弹性模量 70GPa，屈服强度 400MPa，抗拉强度 500MPa，试样缺口高度 $h=1\text{mm}$，泊松比 0.33，环境温度 23℃。

2）预制裂纹

①参数设置

在 FCG 主菜单窗口，点击 Precrack Parameters（预制裂纹参数）按钮，出现图 3-16 所示预制裂纹参数设置窗口。输入如下的参数：预制裂纹最终长度极限 9.0mm，预制裂纹频率 10Hz，预制裂纹载荷比 0.1，预制裂纹最小二乘法回归区间 20%～80%，预制裂纹的循环周次一般少于 10 万次。根据测试材料的不同，选择预制裂纹的最大应力强度因子，一般铝合金材料选择 $6\sim8\text{MPa}\cdot\text{m}^{0.5}$；钛合金材料选择 $12\sim15\text{MPa}\cdot\text{m}^{0.5}$；一般的钢材选择 $20\sim25\text{MPa}\cdot\text{m}^{0.5}$。预制裂纹最大系数可选 1.3～1.5。"在预制裂纹结束后是否关闭站台"，一般选择否。

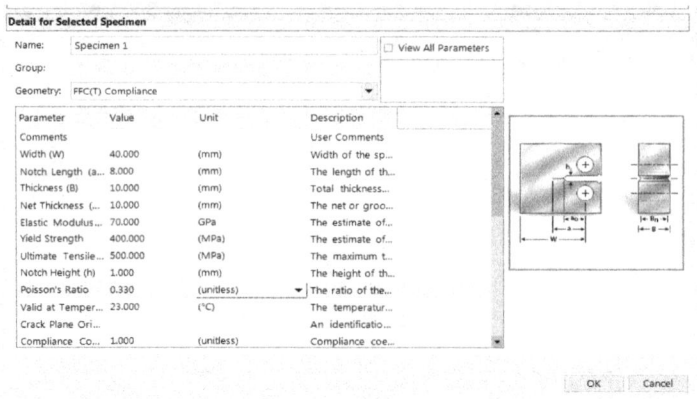

图 3-15　FFC（T）紧凑拉伸试样尺寸与力学性能参数设置

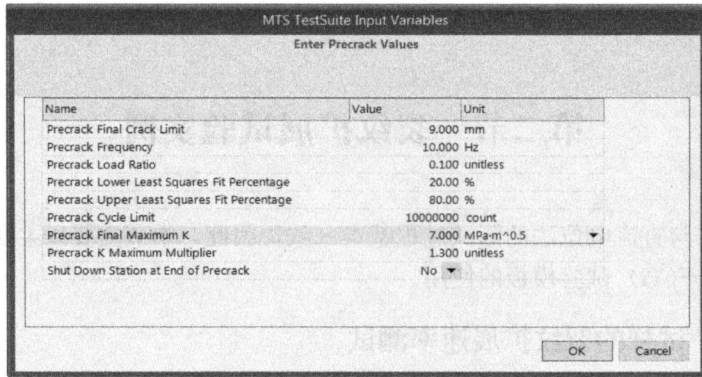

图 3-16　预制裂纹参数设置

②检查裂纹长度

在 FCG 主菜单窗口，点击 Crack Size Check（裂纹长度检查）按钮，通过试样初始裂纹长度的检查，确认输入的试样尺寸是否正确。裂纹尺寸检查的最大载荷，一般选取预制裂纹载荷的 70%。检查的裂纹尺寸与试样的几何形状、尺寸以及材料的弹性模量有关。如果检查的裂纹长度与实际初始裂纹长度有偏差，可调整材料的弹性模量的数值不超过 10%，确保初始裂纹长度为实际尺寸。如果裂纹长度偏差大于 10%，需要用户查找偏差的原因，如，检查试样尺寸输入是否有误；COD 标定文件的选择是否正确；材料的弹性模量是否有偏差。图 3-17 所示为 FFC(T) 试样铝合金材料裂纹长度的检查窗口，弹性模量输入 72.2GPa 时，裂纹长度为 8.0096mm，满足弹性模量偏差小于 10%的要求。

③预制裂纹

在 FCG 主菜单窗口，点击 Precrack Specimen（预裂试样）按钮，开始预制裂纹。图 3-18（a）所示为预制裂纹初始阶段，图 3-18（b）所示为预制裂纹结束阶段。

2. FCG 试验

1）数据存储参数

图 3-19 所示为 FFC(T) 试样数据存储参数设置，图中预制裂纹存储百分数极限为

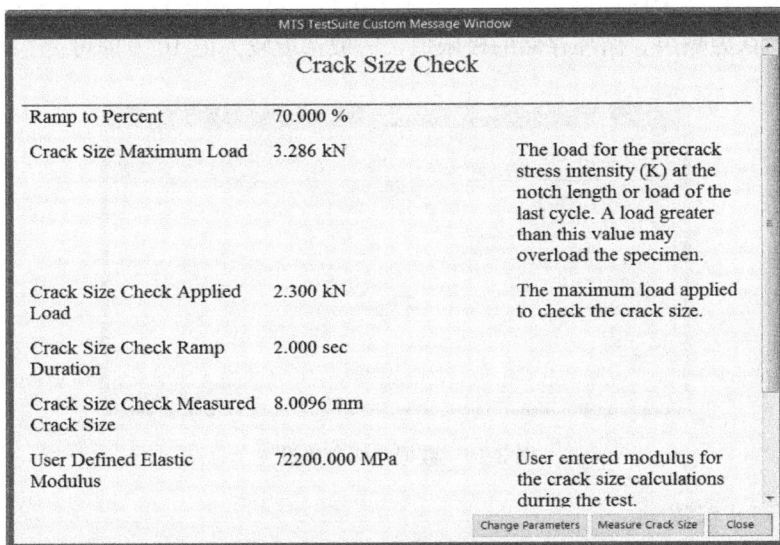

图 3-17　裂纹长度检查

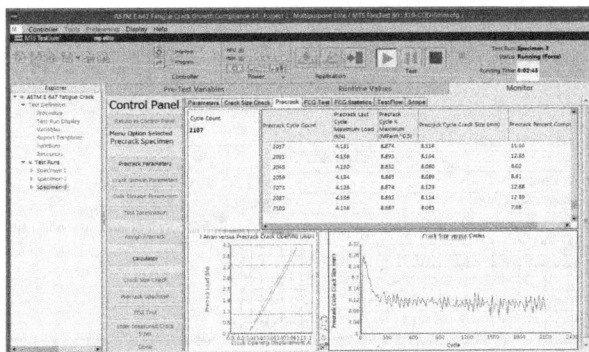

（a）预制裂纹初始阶段

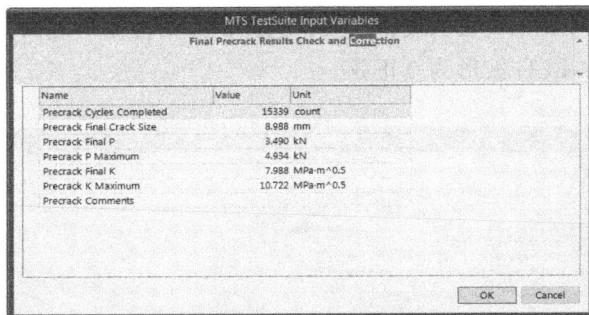

（b）预制裂纹结束阶段

图 3-18　预制裂纹

20%，每 500 个循环预制裂纹存储 1 次，最小二乘法回归区间 20%～80%。在疲劳裂纹扩展 FCG 试验过程中，每 1000 个循环存储 1 个数据点，或裂纹每增长 0.05mm 存储 1 个数据点，这两个存储条件，满足其中之一优先执行。载荷噪声带宽 0.2kN，小于 0.2kN 的载荷系统默认为噪声。循环存储的极限值，一般选取较大值 10 万即可。

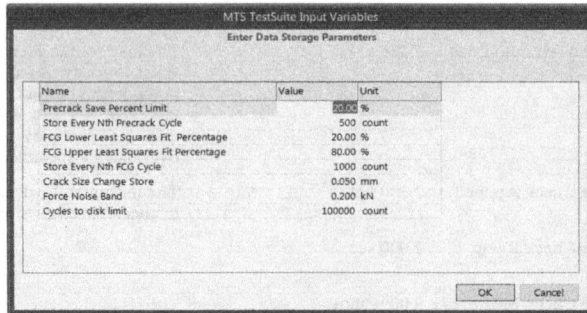

图 3-19　数据存储参数设置

2）试验终止参数

对于宽度 40mm 的 FFC（T）试样，图 3-20 所示为试验终止参数设置窗口：最终裂纹长度 35mm；裂纹扩展极限速率 1×10^{-1}；扩展速率超限数选择 3 个数据；FCG 最大循环数一般选择 100 万；试验终止关闭站台选项为 No。

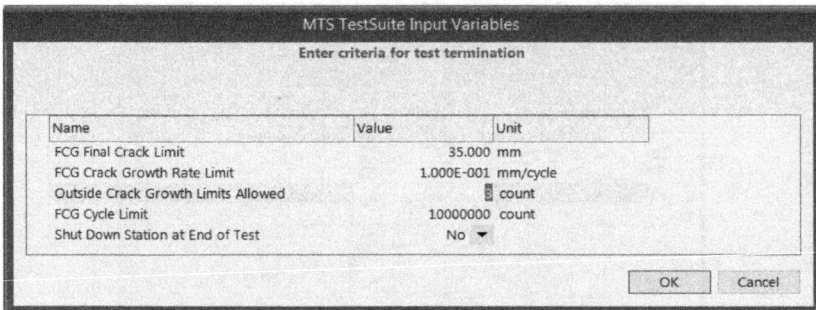

图 3-20　试验终止参数设置

3）FCG 试验参数设置

图 3-21 所示为 FCG 试验参数设置窗口：选择恒载荷控制，应力比 0.1；FCG 端值载荷 3kN；频率 10Hz；FCG 波形为真正弦。

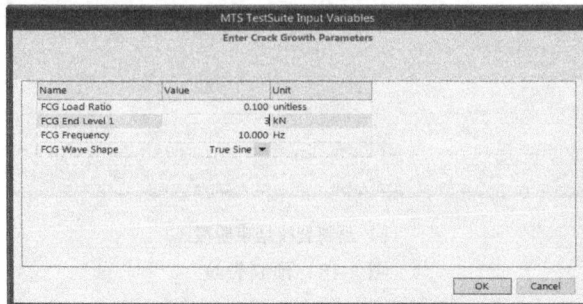

图 3-21　FCG 试验参数设置

4）运行 FCG 试验

在 FCG 主菜单窗口，点击 FCG Test（FCG 试验）按钮，出现图 3-22 所示疲劳裂纹扩展试验参数确认窗口，点击 Yes 后，开始 FCG 试验。图 3-23 所示为裂纹扩展试验过程，其中图（a）为试验初始阶段，图（b）为试验结束阶段。

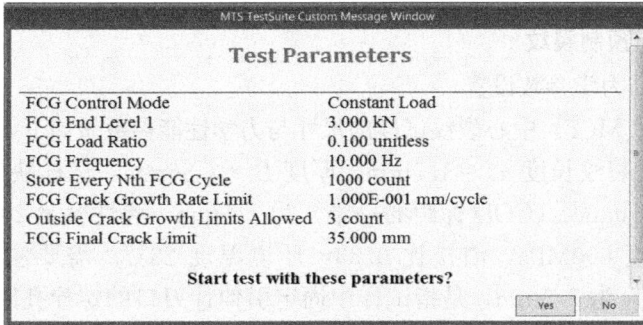

图 3-22　FCG 试验参数确认

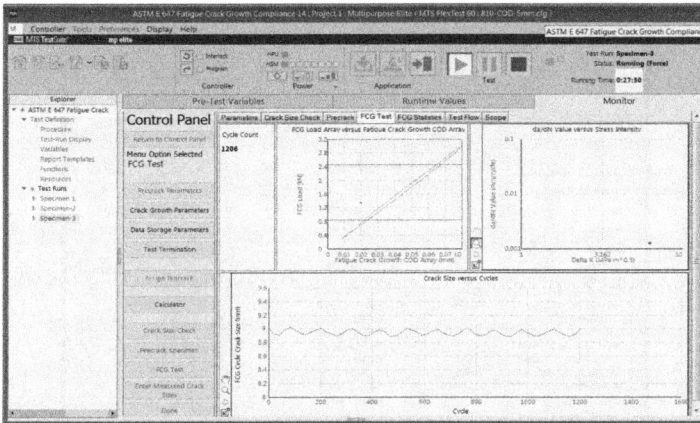

（a）试验初始阶段

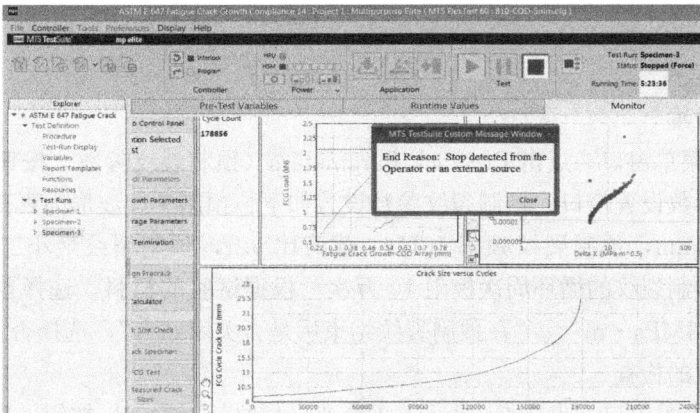

（b）试验结束阶段

图 3-23　FCG 裂纹扩展试验过程

二、M(T) 试样裂纹扩展门槛值测试

启动 TestSuite 应用软件，选择从 ASTM E 647 FCG 模板创建试验或者从已有的 FCG 试验创建后，进行必要的站台资源分配，选择紧凑拉伸 M（T）试样，进入 FCG 主菜单窗口。

1. 试样尺寸与预制裂纹

1）试样尺寸与力学参数设置

对图 3-24 所示 M(T) 中心裂纹试样的尺寸与力学性能参数做如下设置：试样宽度 W $=23.76$mm，初始裂纹长度 $a_0=1.5$mm，厚度 $B=3.56$mm，试样缺口高度 $h=1$mm；COD Half Gage Distance（COD 标距的一半）为 7.5mm，弹性模量 200GPa，屈服强度 400MPa，抗拉强度 600MPa，泊松比 0.33，环境温度 23℃。需要注意的是，这里的"COD 标距的一半"为 7.5mm，是指试样中固定引伸计刀口的螺栓孔距离的一半，而不是引伸计标距的一半。如果忽略了这一点，测量的裂纹长度将是错误的。

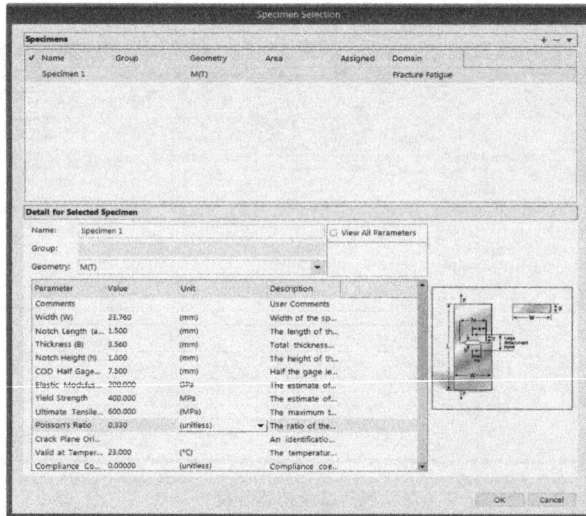

图 3-24 M(T) 试样尺寸与力学参数设置

2）预制裂纹

①参数的设置

在 FCG 主菜单窗口，点击 Precrack Parameters（预制裂纹参数）按钮，出现图 3-25 所示预制裂纹参数设置窗口。预制裂纹参数设置如下：预制裂纹波形为真正弦，预制裂纹最终长度为 2.5mm，预制裂纹频率 10Hz，载荷比 0.1，预制裂纹最小二乘法回归区间 20%～90%，预制裂纹的循环周次极限 10 万次。根据试验的材料，选择预制裂纹的最大应力强度因子 18MPa·$m^{0.5}$。"在预制裂纹结束后是否关闭站台"，选择否。

②裂纹长度的检查

在 FCG 主菜单窗口，点击 Crack Size Check（裂纹长度检查）按钮，裂纹长度检查的结果如图 3-26 所示。试样输入的裂纹长度为 1.5mm，而测量的裂纹长度为 1.686mm，对应的计算弹性模量为 196.2GPa，与材料的弹性模量 200GPa 相差不到 2%，满足标准的要

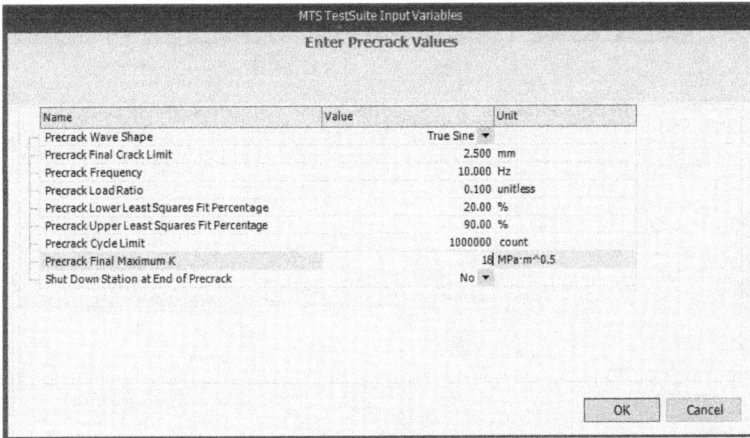

图 3-25　M（T）试样预制裂纹参数设置

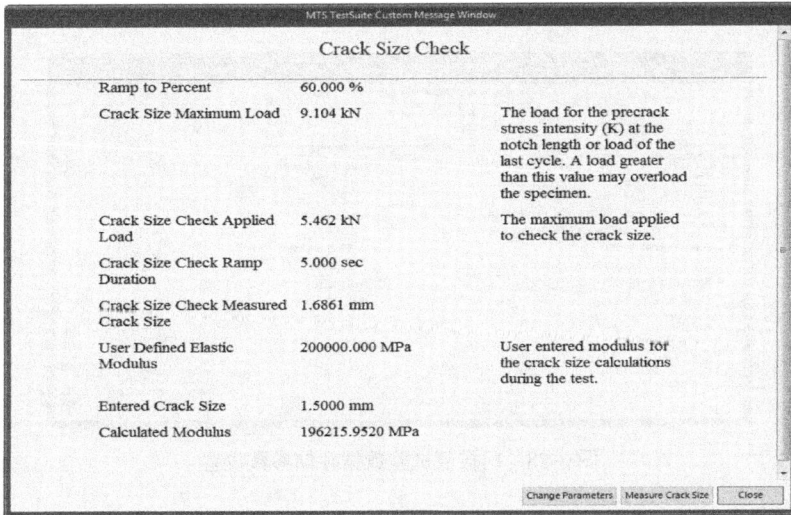

图 3-26　M（T）试样裂纹长度检查

求。调整弹性模量为 196.0GPa 后，重新检查裂纹长度，裂纹长度为 1.5mm 左右。

③预制裂纹

在 FCG 主菜单窗口，点击 Precrack Specimen（预裂试样）按钮，开始预制裂纹，图 3-27 所示为 M（T）试样预制裂纹过程。

2. FCG 门槛值试验

1）数据存储参数

图 3-28 所示为 M（T）试样数据存储参数设置。图中预制裂纹存储百分数极限为 20%，每 500 个循环预制裂纹存储 1 次，最小二乘法回归区间为 40%～80%，由于是门槛值测试，循环周期较长，选择每 5000 个循环存储 1 个数据点，或裂纹每增长 0.05mm 存储 1 个数据点，这两个存储条件，满足其中之一优先执行。载荷噪声带宽 0.5kN。对于门槛值试验，循环存储的极限值，选取最大值 100 万即可。

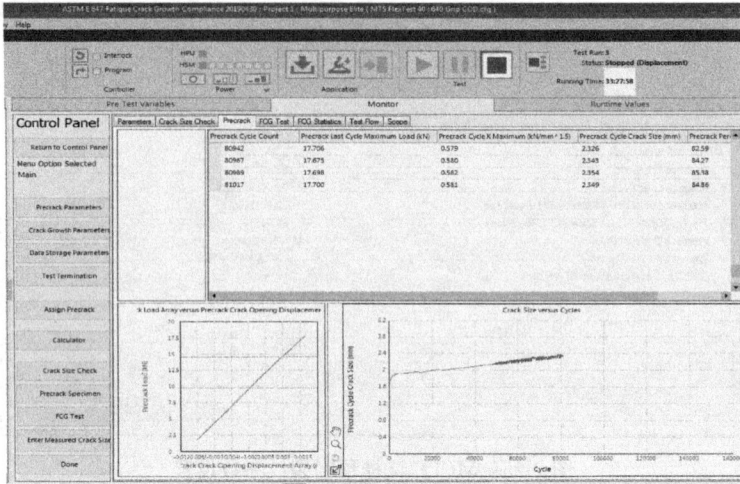

图 3-27　M(T) 试样预制裂纹过程

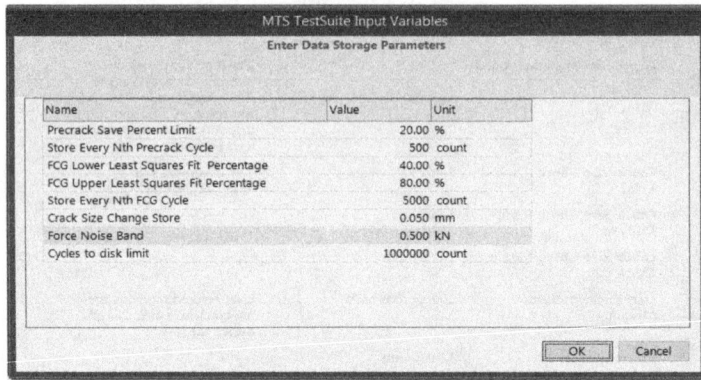

图 3-28　门槛值试验数据存储参数设置

2）试验终止参数

图 3-29 所示为试验终止参数设置。M(T) 试样宽度为 24mm，单边裂纹长度极限值设置为 11mm，裂纹扩展速率极限值为 0.1mm/循环，对于门槛值试验，循环极限值设置为较大值 9000 万，允许超出裂纹扩展速率范围数据点个数为 3 个。

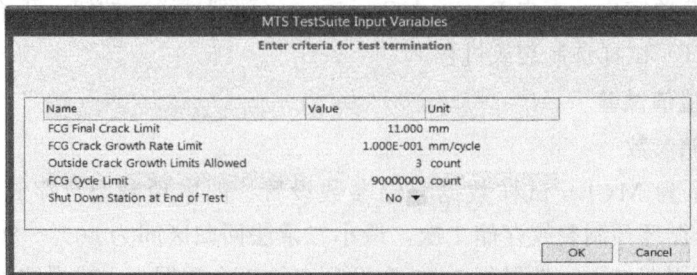

图 3-29　试验终止参数设置

3）FCG 门槛值试验参数

图 3-30 所示为门槛值试验参数设置。选择 ΔK 控制方式，应力比为 0.1，最大应力强度因子为 $18\text{MPa} \cdot \text{m}^{0.5}$，归一化 K 梯度为 -0.1mm^{-1}，试验频率为 20Hz，试验波形为真正弦。

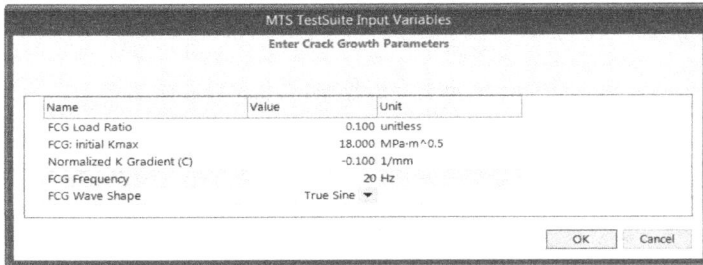

图 3-30 门槛值试验参数设置

4）运行 FCG 门槛值试验

在 FCG 主菜单窗口，点击 FCG Test（FCG 试验），选择 ΔK 控制方式，开始疲劳裂纹扩展门槛值的测试。图 3-31 所示为门槛值试验结束阶段，从图可见，结束阶段裂纹扩展速率接近 10^{-7}mm/循环，即 ΔK 接近裂纹扩展的门槛值。

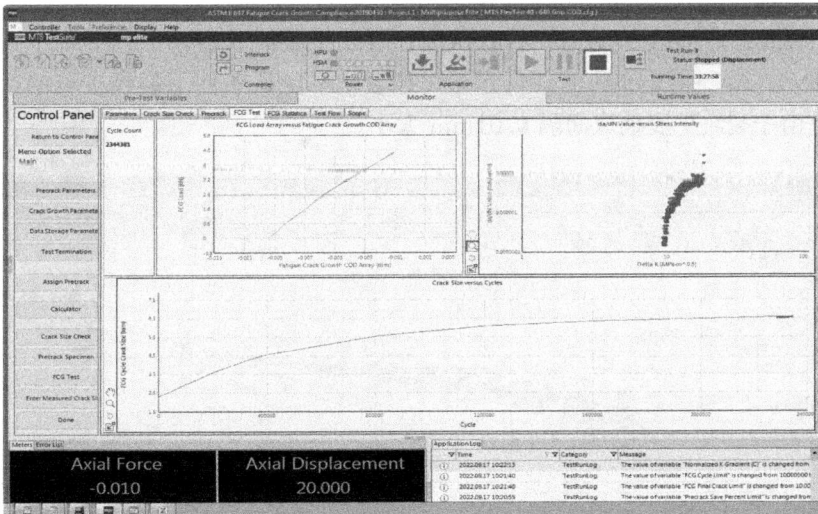

图 3-31 FCG 门槛值试验结束阶段

三、断裂分析器分析 FCG 试验运行

启动中文版的断裂分析器后，选择一个试验运行的名称，右键打开新建分析试验运行（图 3-32）。

选择默认显示之后，选择分析输入选项，出现图 3-33 所示裂纹扩展分析输入窗口。

在图 3-33 所示分析输入界面中，FCG da/dN 曲线拟合有两个选项：正割与多项式；FCG 裂纹尺寸修正默认的是无修正；多项式拟合值为 3，抽取条件为线性过滤器；线性点

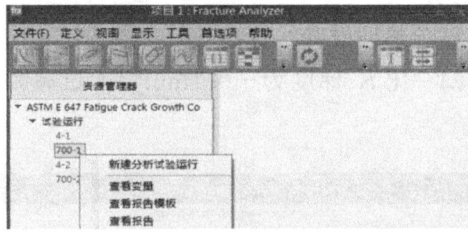

图 3-32　断裂分析器新建分析试验运行

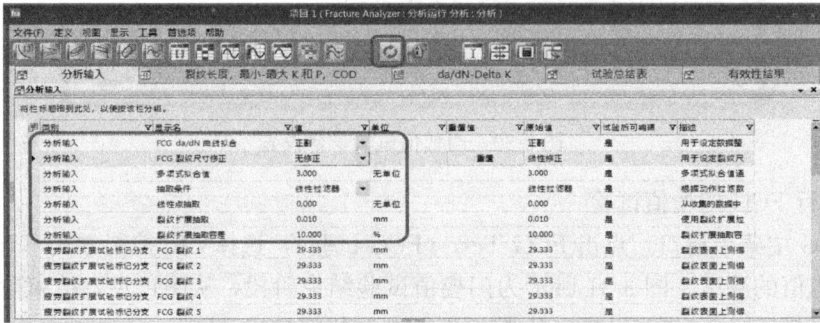

图 3-33　断裂分析器中裂纹扩展分析输入

抽取为 0；裂纹扩展抽取 0.01mm 的默认值；裂纹扩展抽取容差 10%。在上述默认条件下，（da/dN）-ΔK 曲线如图 3-34 所示，可以看出，默认条件下裂纹扩展的数据比较分散，主要是由于裂纹扩展抽取间隔 0.01mm 太小。

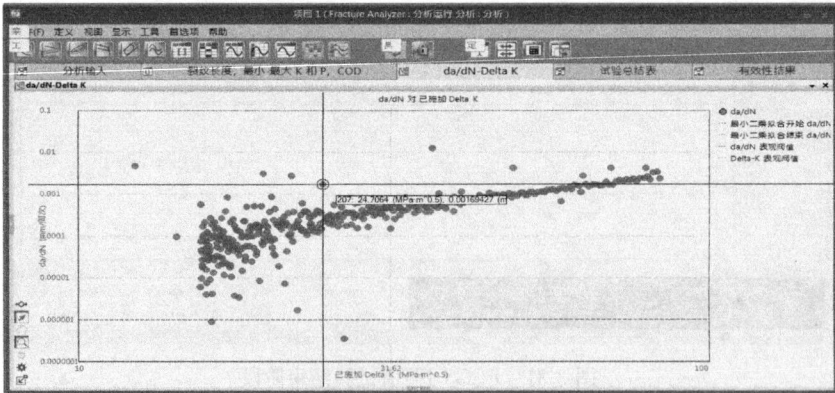

图 3-34　分析软件默认条件下的（da/dN）-ΔK 曲线

　　因此，需要对裂纹扩展数据进行重新分析，裂纹尺寸修正选择为线性修正；抽取条件为裂纹扩展修正；裂纹扩展抽取 0.05mm；FCG da/dN 曲线拟合选取正割或多项式。然后点击刷新所有视图，选择正割选项的（da/dN）-ΔK 曲线如图 3-35 所示，选择多项式选项的（da/dN）-ΔK 曲线如图 3-36 所示。

　　比较图 3-35 与图 3-36 裂纹扩展曲线可看出，都是 0.05mm 裂纹扩展的抽取量，多项式拟合数据优于正割拟合的数据。因此，在数据点足够多的情况下优先选择多项式拟合。

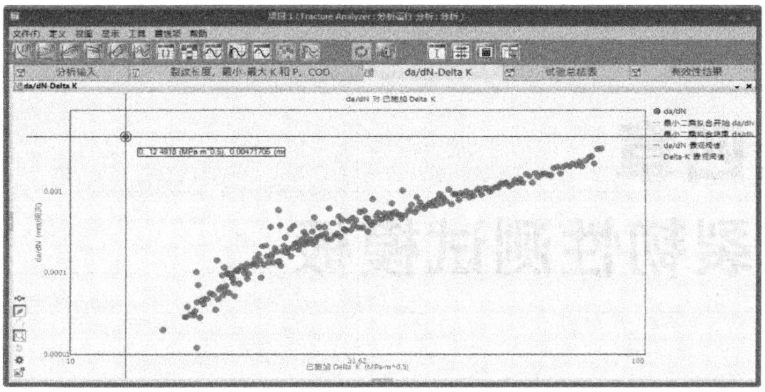

图 3-35 裂纹扩展抽取 0.05mm 正割拟合的（da/dN）-ΔK 曲线

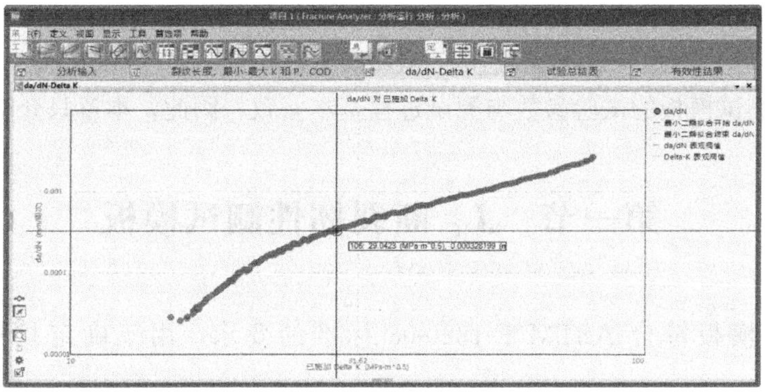

图 3-36 裂纹扩展抽取 0.05mm 多项式拟合的（da/dN）-ΔK 曲线

有效性结果检验如图 3-37 所示，图中有效性结果第一行对判据结果进行了修改，会在重置值列中有重置标记，有效性结果检验如下：

1）最终预制裂纹 K_{max} 是否小于或者等于试验初始的 K_{max}；

2）缺口长度是否大于等于 0.2W；

3）从缺口算起的预制裂纹扩展是否大于等于 0.1B 或 1.0mm；

4）最终裂纹差值是否小于等于 0.025W 或 0.25B；

5）预制裂纹差值是否小于等于 0.025W 或 0.25B。

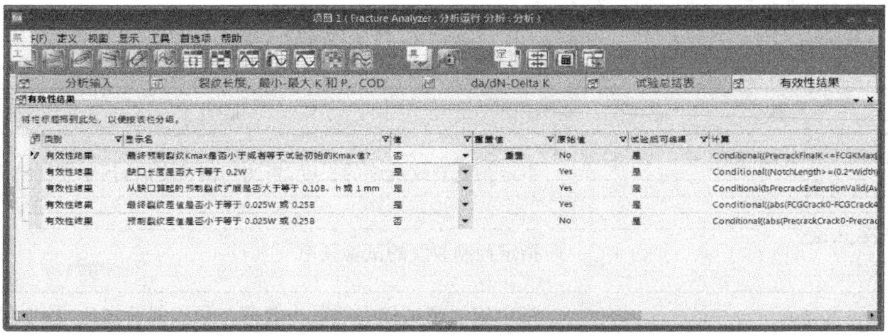

图 3-37 裂纹扩展试验有效性结果检验

第四章
断裂韧性测试模板

MTS TestSuite 软件断裂韧性测试模板，主要包括三个测试模板：ASTM E1820 J_{IC} 测试模板；ASTM E399 K_{IC} 测试模板；ASTM E1290 CTOD 测试模板。由于 CTOD 测试模板与 J_{IC} 测试模板的试验参数与测试过程基本一致，因此，本章只介绍前两个模板。

第一节　J_{IC} 断裂韧性测试模板

MTS J_{IC} 模板符合 ASTM E-1820-08 标准的要求，用于确定材料的断裂韧性 (J_{IC}) 值。

J_{IC} 模板提供了运行测试、分析测试数据以及创建结果报告所需的所有组件。该模板指导用户完成运行试验的步骤，并提供以下两种控制方式：

- Crack opening displacement（COD）——试验使用 COD 规的信号提供控制反馈；
- Displacement（位移）——试验使用位移传感器的信号提供控制反馈。

一、定义试验参数

J_{IC} 模板试验参数包括预制裂纹参数、J_{IC} 试验参数、数据存储参数和试验终止参数。

1. 预制裂纹参数

J_{IC} 模板预制裂纹参数说明见表 4-1。

J_{IC} 模板预制裂纹参数　　　　　　　　　　　　　　　　　　　　　　　　表 4-1

参数	描述
Precrack Final Crack Limit 预制最终裂纹极限	指定预制裂纹最终的长度，当达到该长度时，预制裂纹结束
Precrack Frequency 预制裂纹频率	指定预制裂纹的试验频率
Precrack Load Ratio 预制裂纹载荷比	指定施加到试样上的最小载荷与最大载荷之比；最小载荷由该值决定，最大载荷由用户指定

续表

参数	描述
Precrack Lower Least Squares Fit Percentage 预制裂纹最小二乘法百分数下限	指定线性最小二乘法回归柔度曲线载荷下限的百分数
Precrack Lower Upper Squares Fit Percentage 预制裂纹最小二乘法百分数上限	指定线性最小二乘法回归柔度曲线载荷上限的百分数
Precrack Cycle Limit 预制裂纹循环数极限	指定预制裂纹最大的循环数
Precrack Final Maximum K 预制裂纹最终 K_{max}	指定在预制裂纹结束时最大的应力强度因子,初始最大应力强度因子是结束时最大应力强度因子的 1.4 倍
Shutdown Station at End of Precrack 预制裂纹结束关闭站台	选择 Yes 将启动自锁,如果需要可关停液压

2. J_{IC} 试验参数

在主菜单 J_{IC} 参数部分,用户可选择 COD 或位移作为试验的控制方式。关于 COD 控制方式的参数说明见表 4-2,关于位移控制方式的参数说明见表 4-3。

COD 控制方式参数　　　　　　　　　　　　　　　　　　　表 4-2

参数	描述
J_{IC} Absolute Unload J_{IC} 绝对卸载量	指定在卸载和重新加载过程中卸载力值的大小
J_{IC} COD Increment J_{IC} COD 增量	在每个斜坡加载开始阶段,指定 COD 的增量,以确定该步骤的最大 COD;如果在最大位移量或最大载荷之前达到最大 COD,则触发该步骤的下一段
J_{IC} Crack Propagation Hold Time J_{IC} 裂纹扩展保持时间	指定在保持裂纹扩展活动中保持恒定 COD 或恒定位移的时间长度;如果该时间为零,则忽略此项
J_{IC} Frame Stiffness J_{IC} 框架刚度	测试系统框架柔度的倒数,用于确定由于荷载框架偏转和夹具变形而产生的位移。当计算试样吸收的能量时,从测量的位移中减去其产生的位移。这在使用三点弯曲 SE(B) 样品试样时尤为重要
J_{IC} Load Ramp Rate J_{IC} 加载速率	当以力控方式进行试验时,指定初始斜波加载段的加载速率
J_{IC} Number of Unloads J_{IC} 卸载次数	指定在 J_{IC} 测试的每个步长增量中要执行的卸载和重新加载段的次数
J_{IC} Percent of Final Precrack Load J_{IC} 最终预制裂纹载荷百分数	指定最终预制裂纹循环载荷的百分比,用作第一个斜坡段结束时的载荷
J_{IC} Percent Unload J_{IC} 卸载百分数	指定卸载力值的大小作为增量峰值载荷的百分比
J_{IC} Ramp Displacement Limit Increment J_{IC} 斜波位移极限增量	指定一个大于零的位移极限;如果在斜波加载过程中,测量的位移超过指定的位移极限值,将触发极限,迅速转换到 J_{IC} 步骤的保持阶段
J_{IC} Ramp Load Limit Increment J_{IC} 斜波载荷极限增量	指定一个大于零的载荷极限;如果在斜波加载过程中,测量的载荷超过指定的载荷极限值,将触发极限,迅速转换到 J_{IC} 步骤的保持阶段

续表

参数	描述
J_{IC} Ramp Rate J_{IC} 斜波速率	指定 J_{IC} 斜波加载的速率
J_{IC} Reload Rate J_{IC} 重新加载速率	指定试样重新加载到前一次卸载载荷的速率;如果速率对于测试的试样无效,当用户点击运行开始试验时,应用软件将更正斜波速率值
J_{IC} Unload Method J_{IC} 卸载方法	指定在卸载和重新加载段确定施加载荷大小的方法: ● Absolute(绝对值),即指定要施加载荷的绝对值; ● Percentage(百分数),即指定施加载荷的大小是增量峰值载荷的百分比; ● Minimum of Absolute and Percentage(绝对值与百分数最小值),即指定施加载荷的大小是上述两种方法中的较小值
J_{IC} Unload Rate J_{IC} 卸载速率	指定系统在卸载段卸载试样的速率;如果该速率对于正在测试的试样无效,当用户单击运行开始测试时,应用程序会更正速率值

位移控制方式参数　　　　　　　　　　　　　　　表 4-3

参数	描述
J_{IC} Displacement Increment J_{IC} 位移增量	在每个斜坡加载开始阶段,指定位移的增量,以确定该步骤的最大位移;如果在最大 COD 或最大载荷之前达到最大位移,则触发该步骤的下一段
J_{IC} Crack Propagation Hold Time J_{IC} 裂纹扩展保持时间	指定在裂纹扩展活动中保持恒定位移的时间长度;如果该时间为零,则忽略此项活动
J_{IC} Ramp COD Limit Increment J_{IC} 斜波 COD 极限增量	指定一个大于零的 COD 极限;如果在斜波加载过程中,测量 COD 超过指定的 COD 极限值,将触发极限,迅速转换到 J_{IC} 步骤的保持阶段

注:表 4-3 仅列出不同于表 4-2 的参数。

3. 数据存储参数

J_{IC} 试验数据存储参数的具体说明见表 4-4。

J_{IC} 试验数据存储参数　　　　　　　　　　　　表 4-4

参数	描述
Precrack Save Percent Limit 预制裂纹存盘百分比极限	指定在数据存储之前,需要完成预制裂纹的百分比
Store Every Nth Precrack Cycle 预制裂纹循环盘间隔	指定预制裂纹期间存储磁盘的循环间隔
Crack Size Change Store 裂纹长度变化存储	指定裂纹增长多少后进行存储,通常不用每个循环进行存储,只有裂纹增长到一定长度才进行存储,比如 0.05mm
FCG Lower Least Squares Fit Percentage 最小二乘法载荷下限	指定线性最小二乘法回归柔度曲线载荷下限的百分数
FCG Upper Least Squares Fit Percentage 最小二乘法载荷上限	指定线性最小二乘法回归柔度曲线载荷上限的百分数
FCG N Cycle Save FCG 循环存储周次	指定试验期间存储磁盘的周期间隔,通常情况下,该值超过 10000

4. 试验终止参数

J_{IC} 试验终止参数的具体说明见表 4-5。

J_{IC} 试验终止参数

表 4-5

参数	描述
J_{IC} Maximum Load J_{IC} 最大载荷	指定最大载荷,如果达到该值,停止试验
J_{IC} Maximum COD J_{IC} 最大 COD	指定最大 COD,如果达到该值,停止试验
J_{IC} Maximum Displacement J_{IC} 最大位移	指定最大位移,如果达到该值,停止试验
J_{IC} Maximum Crack Size J_{IC} 最大裂纹尺寸	指定最大裂纹尺寸,如果达到该值,停止试验
J_{IC} Maximum Crack Extension J_{IC} 最大裂纹扩展量	指定最大裂纹扩展量,如果达到该值,停止试验

二、J_{IC} 试验过程

下面以宽度 18mm、厚度 5mm 的 FCC（T）试样为例，介绍 J_{IC} 试验的过程。

1. 试样参数的设置

启动 MTS TestSuite 软件后，点击 File（文件）→New（新的）→Test from Template（模板的试验），选择 ASTM E 1820 J_{IC} 模板，在进行资源配置后，新建一个试验运行；在增加一个新的试样后，出现图 4-1 所示试样参数选择窗口。

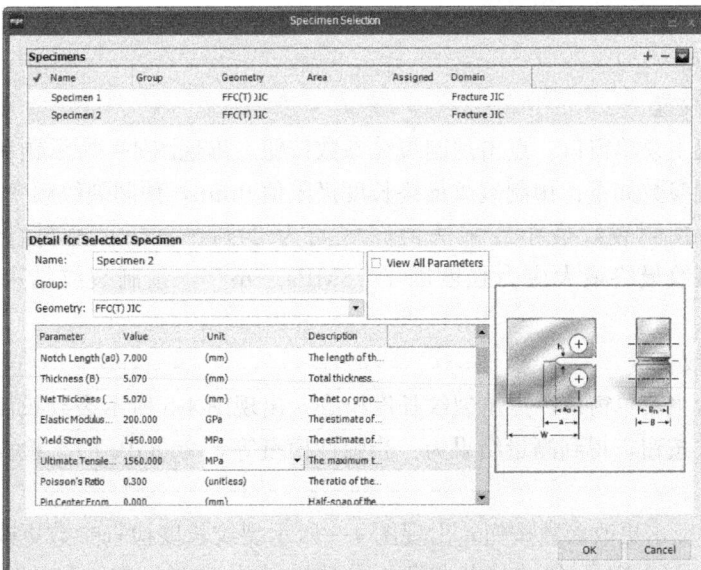

图 4-1　试样参数选择

在图 4-1 中，选择 FFC（T）J_{IC} 试样，输入如下尺寸与力学性能参数：宽度 18mm，厚度 5.07mm，净厚度 5.07mm，初始裂纹长度 7mm，弹性模量 200GPa，屈服强度 1850MPa，抗拉强度 2000MPa。点击 OK 后，出现图 4-2 所示试样参数确认窗口，再点击 OK，出现图 4-3 所示 J_{IC} 试验主菜单窗口。

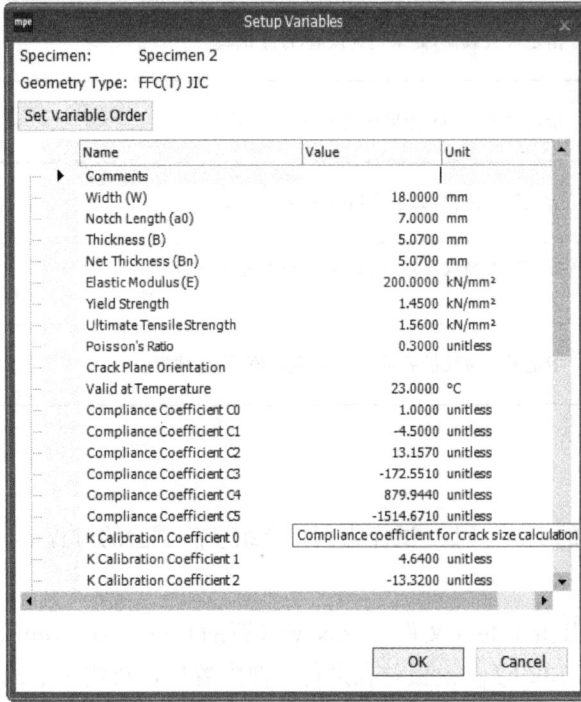

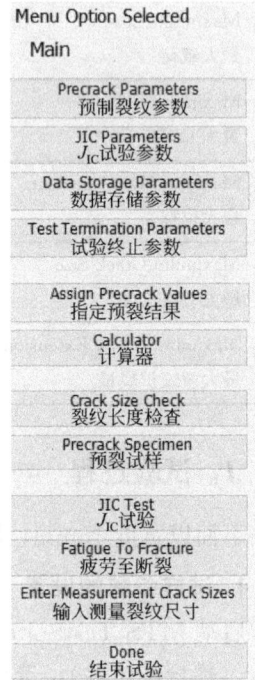

图 4-2　试样参数确认　　　　　　图 4-3　J_{IC} 试验主菜单

2. 预制裂纹

1）参数的设置

在 J_{IC} 试验主菜单窗口，点击预制裂纹参数按钮，出现图 4-4 所示预制裂纹参数设置窗口。具体设置参数如下：预制裂纹最终长度极限值 9mm，预制裂纹频率 10Hz，预制裂纹载荷比 0.1，预制裂纹最小二乘法回归区间为 20%～80%，预制裂纹最大循环数 100000，预制裂纹最终最大应力强度因子 18MPa·$m^{0.5}$，预制裂纹结束时站台为开启状态。

2）检查裂纹长度

在 J_{IC} 试验主菜单窗口，点击裂纹长度检查，出现图 4-5 所示裂纹长度检查窗口，点击测量裂纹尺寸按钮，得到测量结果为：当弹性模量等于 200GPa 时，检查测量的裂纹尺寸为 7.0831mm。

在图 4-5 中点击更改参数按钮，出现图 4-6 所示裂纹长度检查参数更改窗口，调整弹性模量输入值为 196GPa，斜波加载载荷百分比默认为 70%，裂纹尺寸检查斜波时间为 2s，再次检查裂纹长度为 7.0110mm。弹性模量从 200GPa 调整到 196GPa，即调整量为 2%，满足弹性模量调整值在 10% 之内的标准要求。

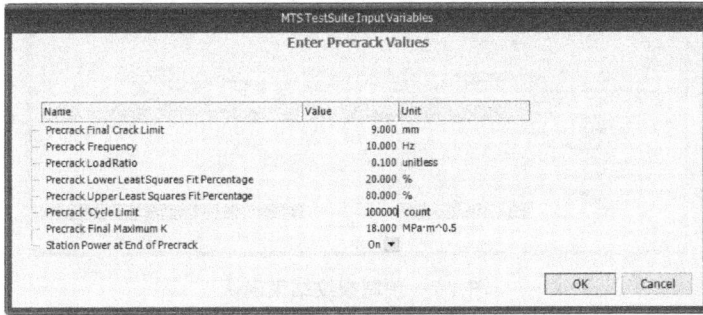

图 4-4　预制裂纹参数设置

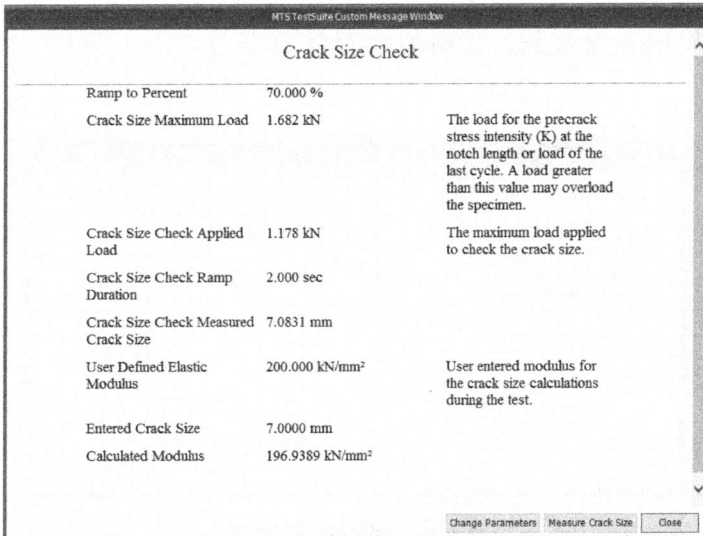

图 4-5　裂纹长度检查

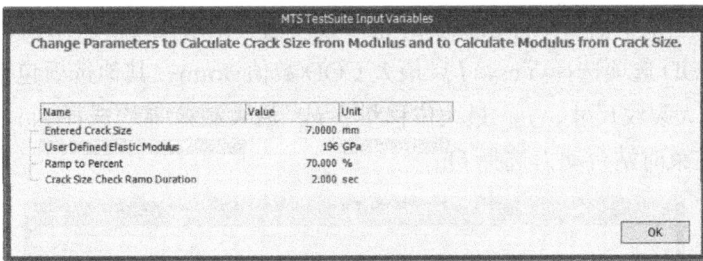

图 4-6　裂纹长度检查参数更改

3）预制裂纹

在 J_{IC} 试验主菜单窗口，点击预裂试样按钮，开始预制裂纹。当裂纹尺寸满足预制裂纹长度要求时，出现图 4-7 所示预制裂纹结束确认窗口。

3. 设置 J_{IC} 试验参数

J_{IC} 试验主菜单窗口中的试验参数包括数据存储参数、试验终止参数和试验过程参数。

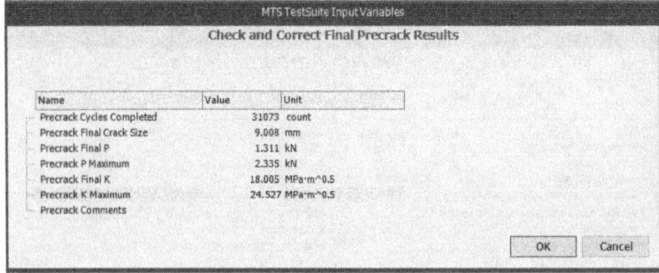

图 4-7　预制裂纹结束确认

1）数据存储参数

在 $J_{\rm IC}$ 试验主菜单窗口点击数据存储按钮，出现图 4-8 所示窗口，设置参数如下：预制裂纹每 100 周次存储数据，预制裂纹存储百分数 20%，最小二乘法回归区间为 20%～80%。

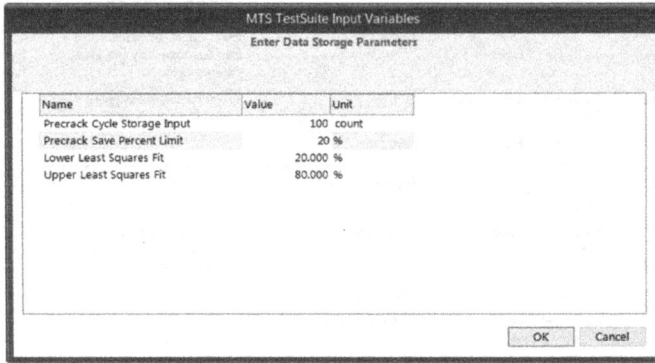

图 4-8　数据存储参数设置

2）试验终止参数

在 $J_{\rm IC}$ 试验主菜单窗口，点击试验终止参数按钮，出现图 4-9 所示窗口，设置参数如下：$J_{\rm IC}$ 最大 COD 选项选择 Yes，$J_{\rm IC}$ 最大 COD 数值 3mm；其他选项包括 $J_{\rm IC}$ 最大裂纹扩展量、$J_{\rm IC}$ 最大裂纹尺寸、$J_{\rm IC}$ 最大位移量、$J_{\rm IC}$ 最大载荷等均选择 No，相应的数值不用输入；试验结束时站台动力选择 On。

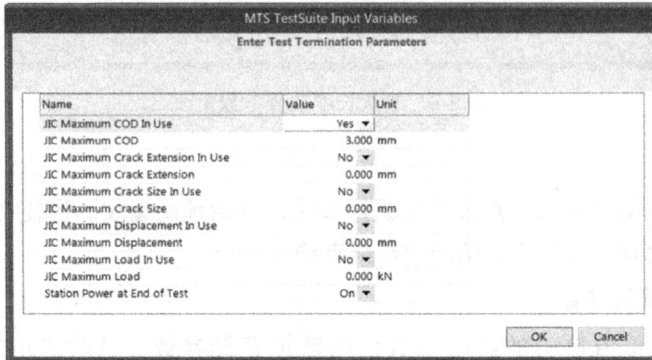

图 4-9　试验终止参数设置

70

3）试验过程参数

在 J_{IC} 试验主菜单窗口，点击试验过程参数按钮，出现图 4-10 所示窗口，J_{IC} 控制方式选项包括 COD Mode（COD 控制）与 Displacement Mode（位移控制）。选择 COD 控制方式，点击 OK，出现图 4-11 所示 J_{IC} 加载步长极限设置窗口。

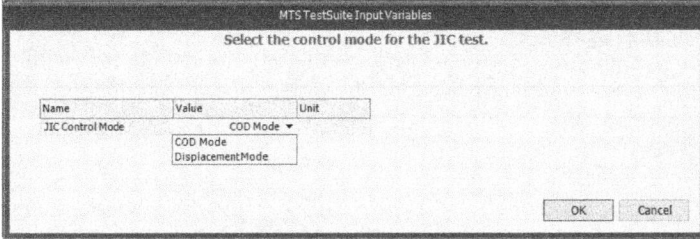

图 4-10　J_{IC} 控制方式选项

在图 4-11 中，一般不用设置位移与载荷的极限步长，点击 OK，出现图 4-12 所示 J_{IC} 加卸载过程参数设置窗口。

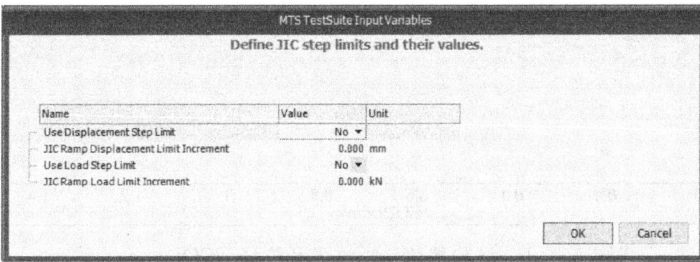

图 4-11　J_{IC} 加载步长极限设置

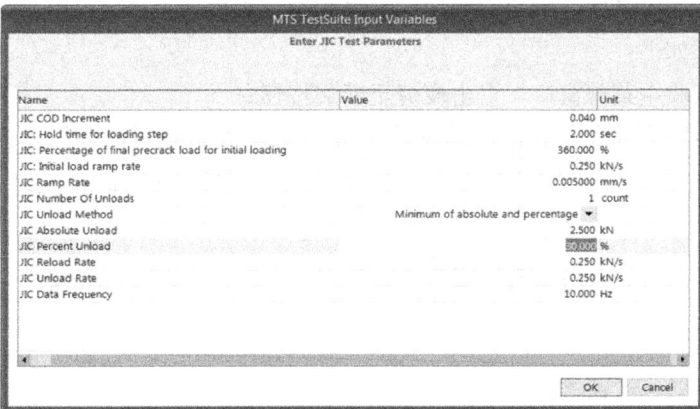

图 4-12　J_{IC} 加卸载过程参数设置

图 4-12 中的参数设置如下：COD 增量 0.04mm；加载保持时间 2s；最终预制裂纹载荷作为初始载荷的百分数 360%；初始加载斜率 0.25kN/s；COD 加载速率 0.005mm/s；卸载方法选择绝对值与百分数的最小值；卸载绝对值 2.5kN；卸载百分数 30%；重新加载速率 0.25kN/s；卸载速率 0.25kN/s；数据采集频率 10Hz。

4）开始 J_{IC} 加卸载试验

在开始 J_{IC} 加卸载之前，需要进行至少 3 次裂纹长度检验。

在 J_{IC} 试验主菜单窗口，点击 J_{IC} 试验按钮，开始 J_{IC} 试验加载与卸载的测试。图 4-13 所示为加卸载过程中载荷与 COD 的关系。在图 4-13 中，当加载达到最大载荷之后，以后每次加载的最大载荷逐渐下降，一般当最大载荷数值下降 20%～30% 时试验停止，即 J_{IC} 数据点接近其右边界。

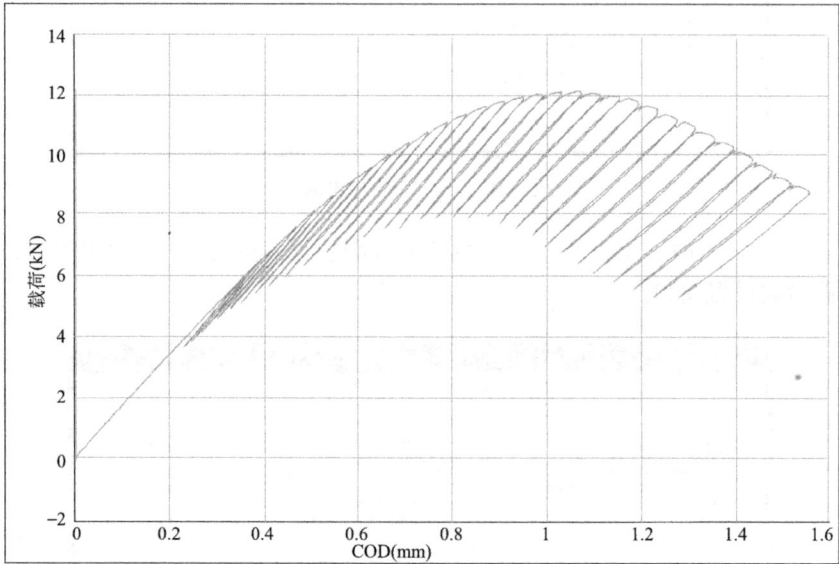

图 4-13　J_{IC} 试验载荷与裂纹张开位移（COD）的关系

5）疲劳至断裂

当 J_{IC} 试验完成之后，用户需要标记最终的裂纹长度，方法之一是对试样疲劳加载做标记，具体步骤如下：

①在 J_{IC} 试验主菜单窗口，点击疲劳至断裂按钮；

②查看疲劳断裂的参数设置，出现图 4-14 所示疲劳至断裂参数设置窗口，设置载荷 4.5kN、载荷比 0.1、试验频率 10Hz，一般载荷数值应当小于 J_{IC} 试验终止载荷的 60%，点击 OK；

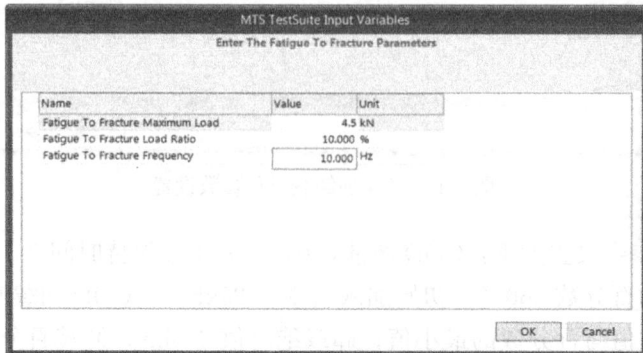

图 4-14　疲劳至断裂参数设置

③在控制面板上点击 Run（运行）；

④经过 10min 的疲劳之后，在控制面板上点击 Stop；

⑤在主菜单点击疲劳至断裂按钮；

⑥输入一个比前面大 20％的最大载荷，然后点击 OK；

⑦在控制面板点击 Run（运行）；

⑧重复步骤④～⑥直至试样断裂。

三、J_{IC} 试验结果分析

1. 启动断裂分析器的步骤

1）在 TestSuite 工具菜单，启动 Fracture Analyzer（断裂分析器）软件，点击 Preference（首选项）→Configuration（配置）→Language（语言），选择 Chinese（中文），重新启动后，成为中文版断裂分析器。

2）右键点击用户想要分析的 J_{IC} 试验运行，并选择新建分析试验运行。

3）输入一个新的定义名称，或者采用默认的名称。

4）点击增加分析。

5）选择接受默认的显示，点击 OK，出现图 4-15 所示断裂分析器窗口。

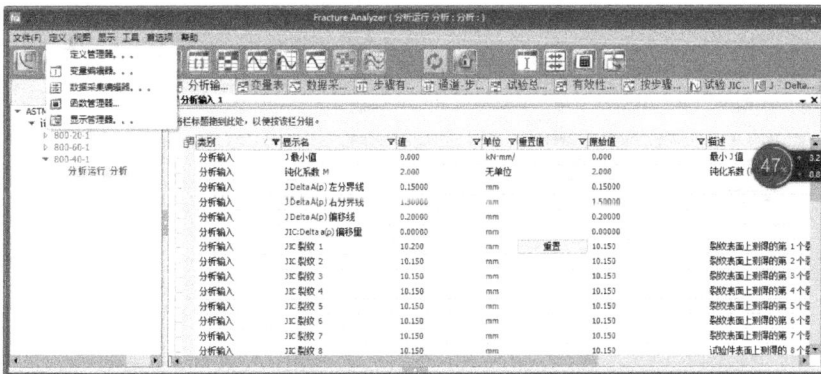

图 4-15　J_{IC} 断裂分析器

2. 变量分析器与数据采集编辑器

1）变量分析器

在图 4-15 所示断裂分析器窗口中，点击定义菜单，选择变量编辑器；或者在工具栏中，点击变量编辑器图标 ，出现图 4-16 所示变量编辑器窗口，利用变量编辑器检查变量与它们的定义，确认变量是否是用户想要的。例如，在变量编辑器中点击类别并选择变量，点击显示名称重新排序，点击并查看有效屈服强度的计算区域，有效屈服强度的计算公式为屈服强度与极限强度的算术平均值。用户也可在变量分析器的搜索区域，输入变量显示名称后进行搜索。

2）数据采集编辑器

在图 4-15 所示断裂分析器窗口，点击定义菜单，选择数据采集编辑器；或者在工具栏中，点击数据采集编辑器图标 ，出现图 4-17 所示数据采集编辑器窗口。

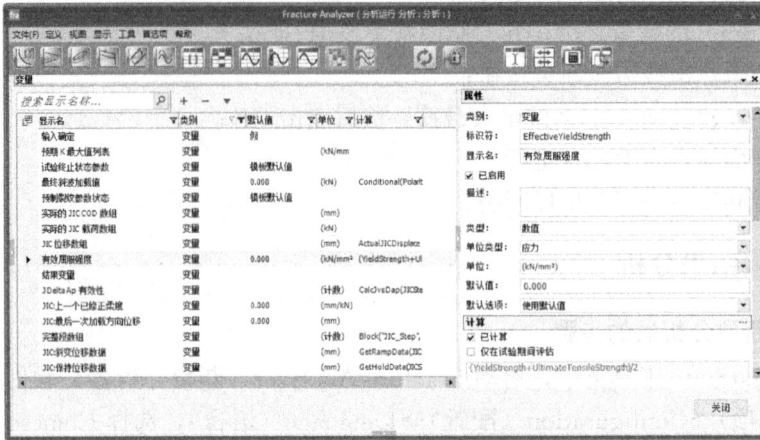

图 4-16　变量编辑器

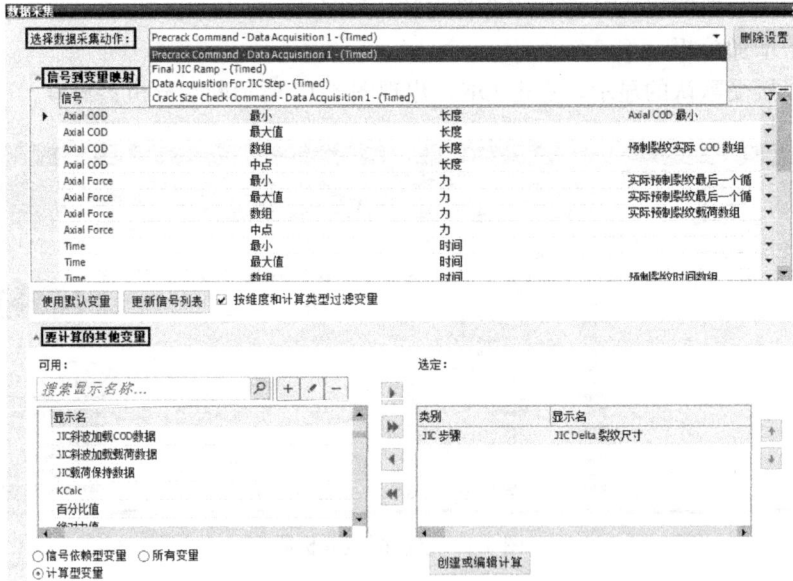

图 4-17　数据采集编辑器

一个试验运行通常有多个数据采集活动表，这些筛选数据的表格便于用户使用。例如，对于一个或多个表格包含实时数据或者峰谷值数据，首先选择想要处理的数据类型，然后选择数据采集活动表格；要在数据采集活动表中使用这个变量，必须在每个表格中进行变量的映射。选择要使用的数据采集动作表，在图 4-17 所示窗口中单击"选择数据采集动作"框中的向下箭头，选择数据表的名称。映射一个信号到变量的过程如下：

①在图 4-17"信号到变量映射"面板中，选择信号名称。变量列中的各项在试验中得到，并且包含试验数据值。

②点击变量列右侧的向下箭头，选择变量的名称或者"新变量"。

③如果用户选择"新变量"，会出现用于定义变量的变量编辑器窗口，完成设置，点击 OK。

在图 4-17 "要计算的其他变量"面板，提供了分析定义中包含其他计算值的信息，右侧框图中的各项会在每个周期结束时重新计算。

当用户完成映射后，点击刷新按钮，重新计算的数值会在当前打开的分析运行中更新，推荐创建用户试验与分析定义的拷贝。

为满足用户的需求，变量定义和映射转换到新的试验后可以修改。但是，用户的原始试验不受任何新的数值、变量和分析计算的影响，试验数据不会改变。分析数据和计算的修改不会以任何方式改变试验运行的数据。

利用变量的定义、映射或者计算，用户可通过不同的图形与表格查看并分析数据。

3. J_{IC} 断裂韧性分析图表

1) J_{IC} 试验分析数据表

J_{IC} 模板预先配置了符合 ASTM 标准的数据分析部分，分析定义是使用断裂分析器分析试验运行。在图 4-15 所示断裂分析器窗口，点击显示菜单，如图 4-18 所示，勾选常用数据表选项包括：分析输入；变量表；数据采集变量表；步骤有效性表；通道-步骤表；有效性结果；试验总结表。

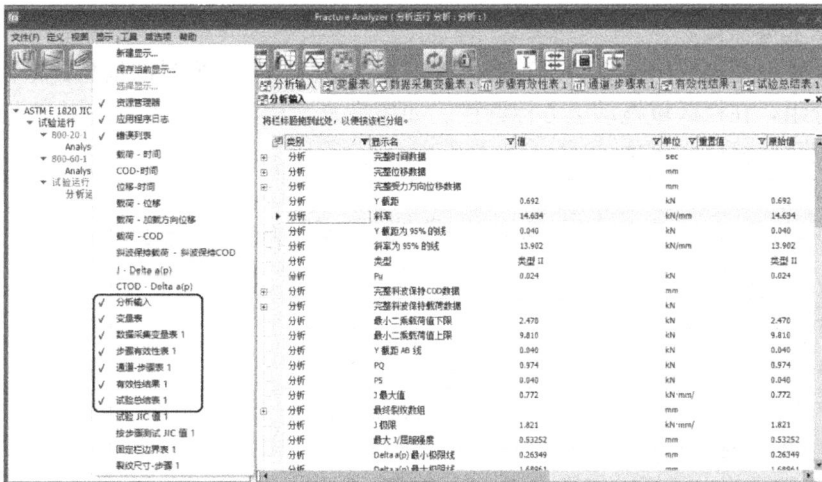

图 4-18 J_{IC} 断裂分析器常用选项

①分析输入

图 4-19 所示为 J_{IC} 分析输入，包含用于分析的参数。用户可以通过增加或更改输入的数值进行修正，更改在信息日志中会有标注。例如，最小二乘法下限数值由 2.470 更改为 2.475，在消息日志中会有相应提示说明。如果变量是一个数组，则字段被添加到扩展表中。图 4-19 中，在类别左侧点击加号（＋），选择要演示的列，勾选的选项会在分析输入的列表中显示。点击另一行激活在窗口顶部的"刷新所有分析视图"按钮。当用户点击此按钮时，应用程序会重新计算分析，用户也可改变计算方法。在刷新更改后，做出的更改会在重置栏标记，原始数据不会丢失与改变。

②变量表

变量表给出了变量编辑器中定义的变量最终值，用户可以采用与分析输入一样的方式进行表格数值的修改与重新计算。在刷新之后，用户做出的更改会在重置列中带有重置标

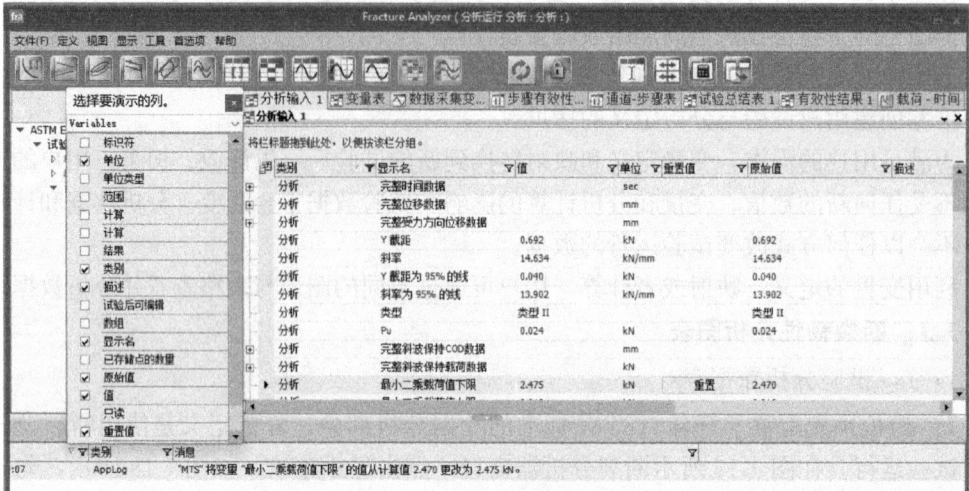

图 4-19　J_{IC} 分析输入

记，原始试验数据不会丢失与更改。

③数据采集变量表

数据采集变量表提供关于每个数据采集编辑器中数据采集变量的信息。根据"栏"对表格进行分组，在栏区域拖动上方标题栏。如要恢复"栏"，则将栏标题拖到第一行。此外，还可以进行排序和筛选。

④步骤有效性表

步骤有效性表提供每个试验的步骤数据值和有效性结果，主要包括：

- J-$\Delta a_{(p)}$；
- J 分界有效性；
- J 最大/最小；
- J 步骤数组。

⑤通道-步骤表

通道-步骤表列出了所有以数组形式采集的数据点：

- 完整 J_{IC} 步骤数组；
- 段类型数组；
- 完整载荷数据；
- 完整 COD 数据；
- 完整位移数据；
- 完整受力方向位移数据。

⑥有效性结果

图 4-20 所示为 J_{IC} 试验有效性结果，主要包括：类别、显示名称、数值、更改指示器、原始数值与计算，以及描述等内容。显示名称包括有效性准则；数值与原始数值栏包含 Yes 或 No 数值指示器。由于试验数值的更改，试验结果的有效性也会变化。在图 4-20 中，点击类别选择验证结果，出现 J_{IC} 试验有效性判据，包含 ASTM 1820 有关 J_{IC} 试验所有的有效性判据。根据有效性判据的结果，确定 J_Q 是否等于 J_{IC}。

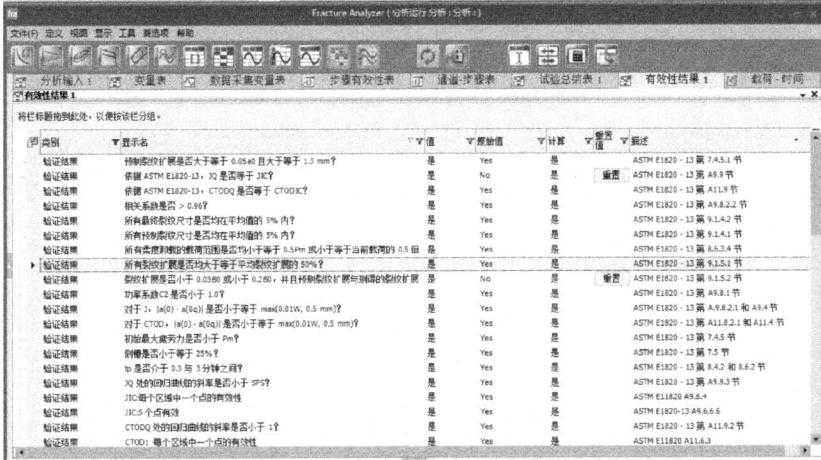

图 4-20　J_{IC} 试验有效性结果

⑦试验总结表

图 4-21 所示为 J_{IC} 试验总结表，包含在变量编辑器中定义的变量最终数值。与分析输入描述的方式一样，用户可以在表格中更改一个或多个数值，重新进行计算。点击"刷新所有分析视窗"按钮，重新计算数值，原始数据不会丢失与更改。在图 4-21 中，点击类别选择分析，会显示 P_Q 与 K_j 等用户想要测得的数值。

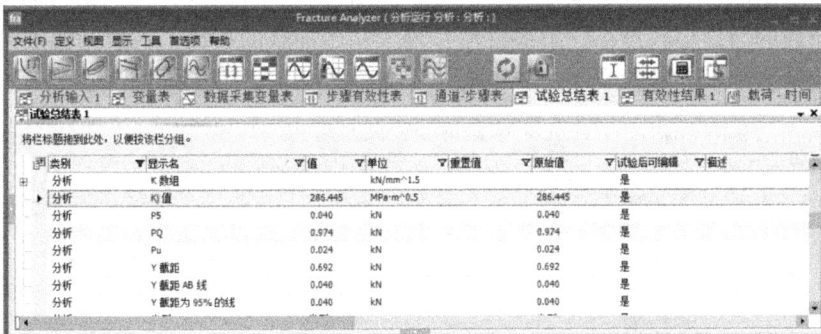

图 4-21　J_{IC} 试验总结表

2）J_{IC} 试验分析图形

在断裂分析的主菜单窗口，点击显示菜单，勾选载荷-时间选项，出现图 4-22 所示窗口。图 4-22 显示的选项包括：载荷-时间、COD-时间、位移-时间、载荷-位移、载荷-加载方向位移、载荷-COD、斜波保持载荷-斜波保持 COD，以及裂纹尺寸-步数等，这些图形均可直观地显示报告表中的数据。图 4-22 中仅勾选载荷-时间选项，所得图形显示了在试验过程中载荷的变化。其他选项如果需要也可勾选，并以图形的形式显示。

- COD-时间图：显示试验过程中 COD 数值的变化；
- 位移-时间图：显示试验过程中位移的变化；
- 载荷-加载方向位移图：显示载荷随着加载线位移的变化；
- 载荷-COD 图：显示在试验过程中载荷随着 COD 的变化；
- 斜波保持载荷-斜波保持 COD 图：显示在斜波保持步骤期间，载荷如何随着 COD

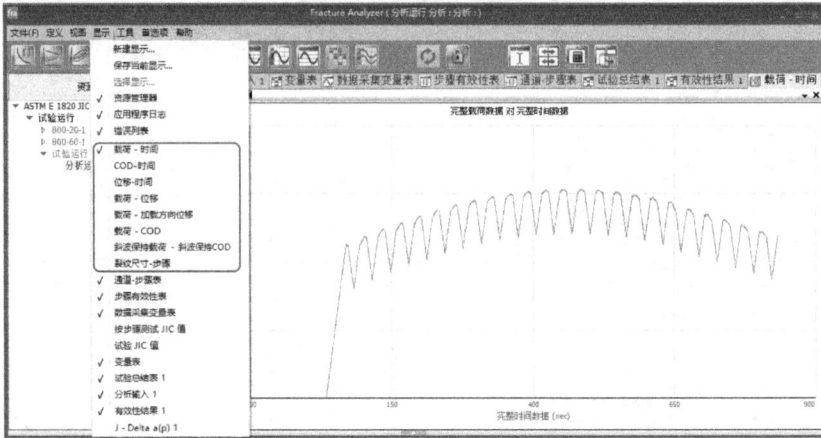

图 4-22　J_{IC} 试验载荷-时间图

规的读数而变化。

- J-$\Delta a_{(p)}$ 图：显示物理裂纹扩展各点的 J 积分值。
- 裂纹尺寸-步数图：以曲线形式显示裂纹在加载步中的增长情况。

3）J-$\Delta a_{(p)}$ 图形分析实例

在断裂分析的主窗口，点击显示菜单，并勾选 J-$\Delta a_{(p)}$ 选项，出现图 4-23 所示窗口，可以看出，图中的一些无效数据点裂纹向负方向增长。分析原因，一是初始加载的载荷过低，二是加载的增量步长过小。解决办法：增大初始加载的载荷，一般为接近并小于最大载荷；增大增量步长，针对本次试验，有 9 个有效数据点，步长增加 50%。

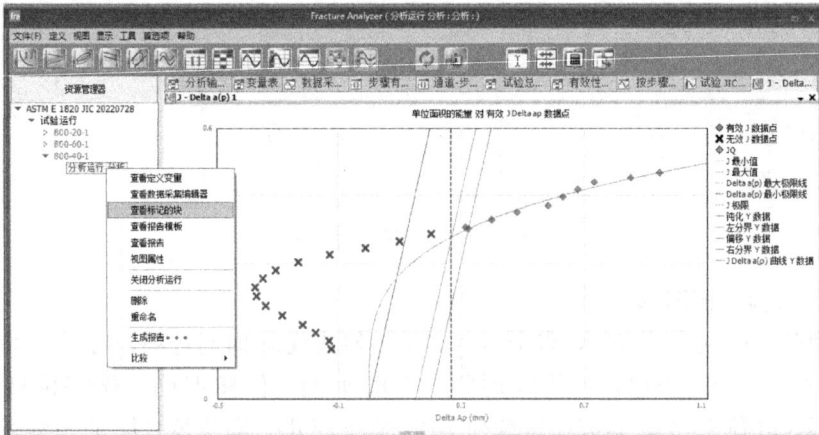

图 4-23　J-$\Delta a_{(p)}$ 图

同时，对于上面的 J-$\Delta a_{(p)}$ 图可进行修正，方法如下：在图 4-23 中，右键点击分析运行，选中"查看分析的块"并双击，出现图 4-24(a) 所示窗口。在"选择块"选项选中 J_{IC} 步骤，在可用标记块里选中 2～11 个数据点，通过向右的箭头移至已标记框中[图 4-24(b)]，点击应用，点击断裂分析器工具栏的刷新按钮，图 4-23 则修正为去掉裂纹负增长的几个无效数据点的图形，如图 4-25 所示。

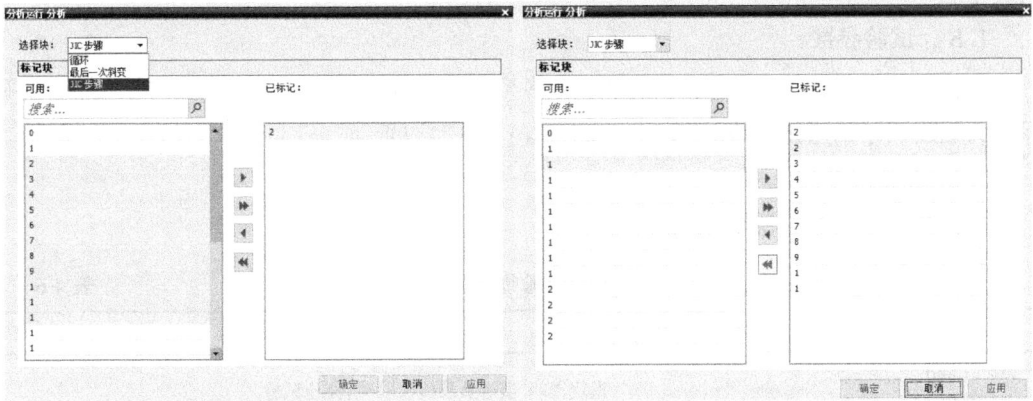

(a) 标记前　　　　　　　　　　　　　(b) 标记后

图 4-24　断裂分析器标记块

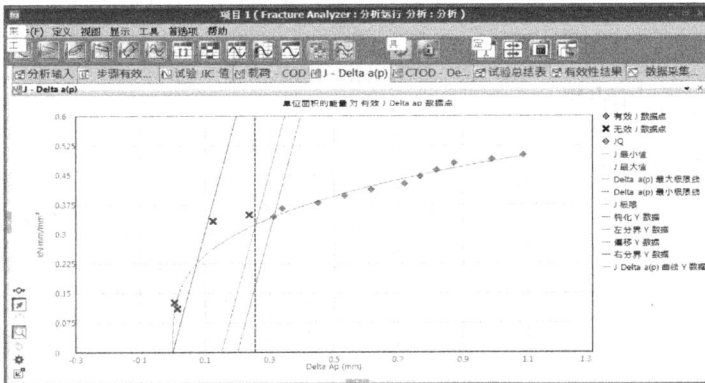

图 4-25　修正后的 J-$\Delta a_{(\mathrm{p})}$ 图

第二节　K_{IC} 断裂韧性测试模板

MTS ASTM E 399 K_{IC} 模板符合标准 ASTM E 399 的要求，可测定材料的断裂韧性（K_{IC}）值。K_{IC} 模板提供了运行试验、分析试验数据以及创建结果报告所需的所有组件。

该模板指导用户完成运行 K_{IC} 试验的步骤，并提供以下三种控制方式运行试验：

- Crack opening displacement（COD）——试验使用 COD 规的信号提供控制反馈；
- Displacement（位移）——试验使用位移传感器的信号提供控制反馈；
- Load（载荷）——试验使用载荷传感器的信号提供控制反馈。

一、定义试验参数

K_{IC} 试验参数主要包括预制裂纹参数、数据存储参数、K_{IC} 试验参数和试验终止参数。其中预制裂纹参数与数据存储参数与本章第一节 J_{IC} 试验模板一样，参见表 4-1

与表 4-4。

1. K_{IC} 试验参数

K_{IC} 加载有三种控制方式：COD、位移与载荷。无论选择哪种控制方式，都需要确保应力强度因子的增加速率位于 $0.5 \sim 3 \text{MPa} \cdot \text{m}^{0.5}$ 之间。

2. 试验终止参数

K_{IC} 试验终止参数说明见表 4-6。

K_{IC} 试验终止参数　　　　　　　　　　　　　　　表 4-6

参数	描述
Load Limit 载荷极限	指定 Yes,当达到载荷极限时,停止试验
COD Limit COD 极限	指定 Yes,当达到 COD 极限时,停止试验
Displacement Limit 位移极限	指定 Yes,当达到位移极限时,停止试验

二、K_{IC} 试验过程与结果

1. 试样参数的设置

启动 MTS TestSuite 软件后，点击 File（文件）→New（新的）→Test from Template（模板的试验），选择 ASTM E 399 K_{IC} 模板[图 4-26(a)]，或者从 Existing Test（已有的试验）窗口选择试验 ASTM E 399 K_{IC} 3 points-bending[图 4-26(b)]，点击 Open（打开）。在进行资源配置后，新建一个试验运行，增加一个新的试样，出现图 4-27 所示试样参数设置窗口。

在图 4-27 中，有两种类型的试样，即 FFC（T）紧凑拉伸试样与 SE（B）三点弯曲试样。如选择 SE（B）试样，需要进行试样参数的设置。

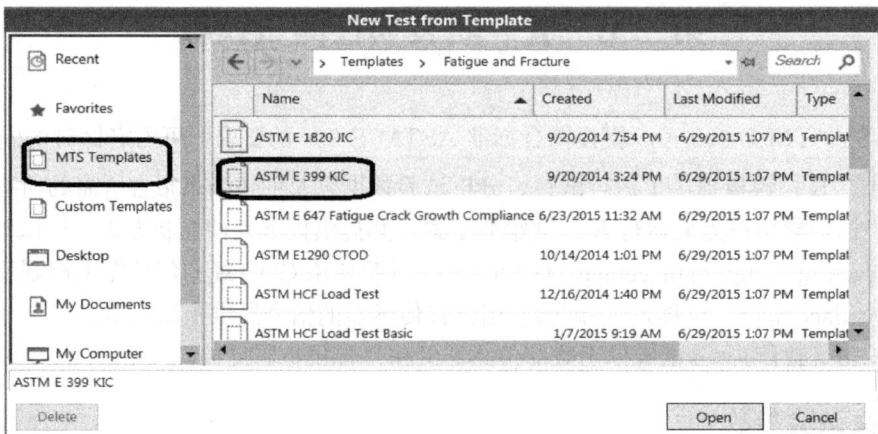

(a) 从模板创建

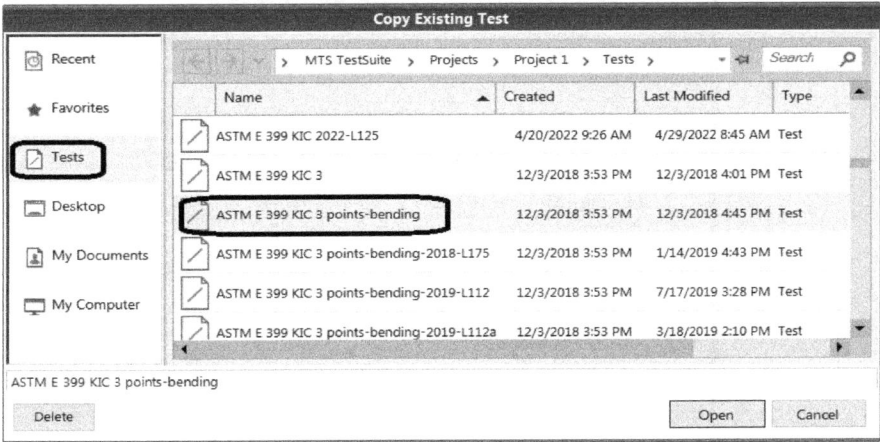

（b）从已有的试验创建

图 4-26　K_{IC} 试验创建的方式

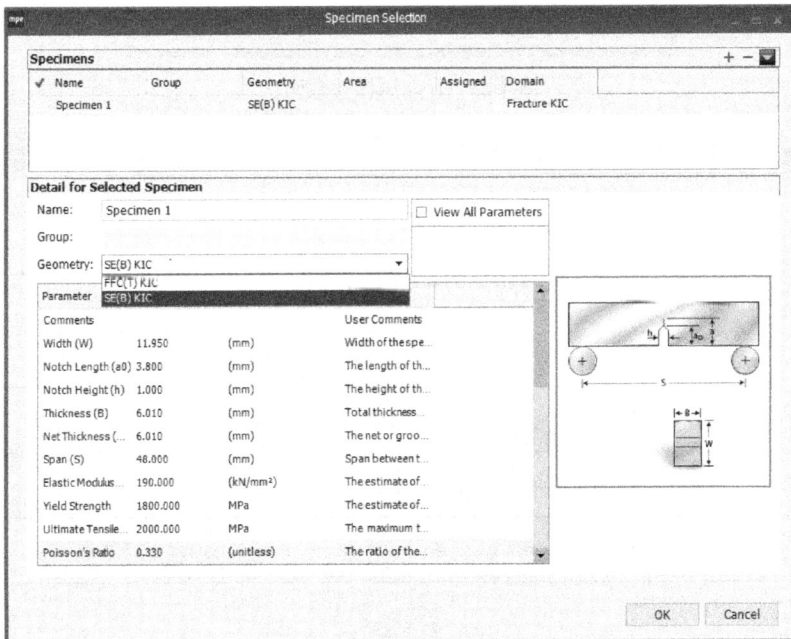

图 4-27　K_{IC} 试样参数设置

下面以规格为 $6 \times 12 \times 55$（mm）的三点弯曲试样为例进行介绍。在图 4-27 中输入试样几何与力学性能参数：试样名称默认为 Specimen1，宽度 11.95mm，缺口长度 3.8mm，缺口高度 1mm，没有开侧槽试样厚度与净厚度相同为 6.01mm，跨距 48mm，材料的弹性模量 190GPa，屈服强度 1800MPa，抗拉强度 2000MPa，泊松比 0.33。在图 4-27 中点击 OK 后，出现图 4-28 所示试样参数确认窗口。

在图 4-28 中，检查试样几何参数与力学性能参数，确认无误后，点击 OK，出现图 4-29 所示 K_{IC} 试验主菜单窗口。

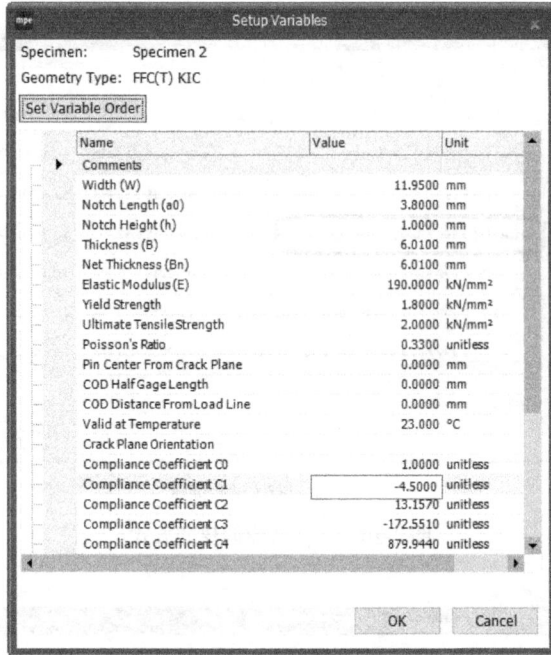

图 4-28　K_{IC} 试样参数确认

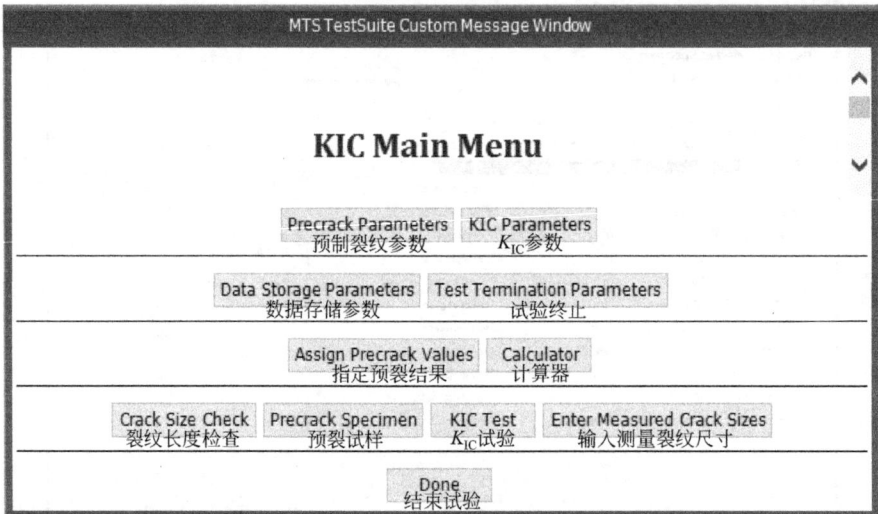

图 4-29　K_{IC} 试验主菜单窗口

2. 预制裂纹

1) 参数输入

在 K_{IC} 试验主菜单窗口，点击预制裂纹参数按钮，出现图 4-30 所示预制裂纹参数输入窗口，输入如下参数：最终裂纹长度极限 5.5mm，频率 10Hz，预制裂纹载荷比 0.1，预制裂纹最小二乘法回归区间为 20%～80%，预制裂纹循环数极限 100000，预制裂纹最终最大应力强度因子 15MPa·$m^{0.5}$，预制裂纹最大值系数 1.4。"预制裂纹结束是否关闭站台"，选择否。

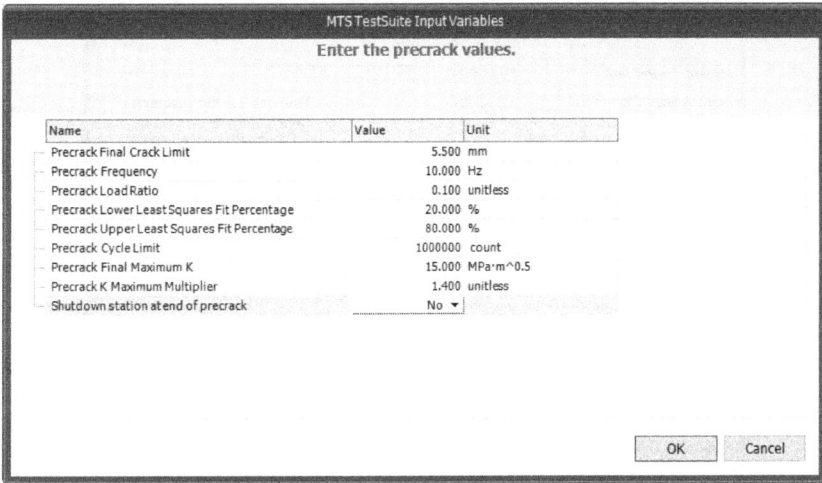

图 4-30　预制裂纹参数输入

在图 4-30 中输入预制裂纹参数后，点击 OK，出现图 4-31 所示窗口，提示：预制裂纹最大系数，必须确保在疲劳裂纹扩展任何阶段最大应力强度因子不超过 K_Q 值的 80%，如果 1.4 的系数可以接受，点击 OK；如果不接受则点击 Cancel（取消）。点击 OK 后，返回到 K_{IC} 试验主菜单窗口。

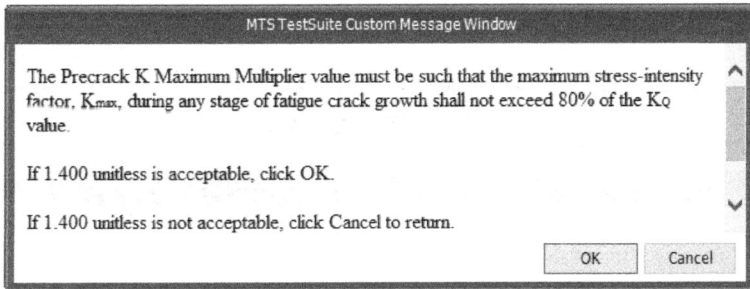

图 4-31　预制裂纹系数确认

2）裂纹长度检查

在 K_{IC} 试验主菜单窗口，点击裂纹长度检查按钮，出现图 4-32 所示裂纹长度检查窗口，继续点击 Change Parameters（更改参数）按钮，出现图 4-33 所示裂纹检查参数设置窗口。在图 4-33 中，斜波加载百分数为 70%，加载时间为 5s。材料的弹性模量初始值为 200GPa，将其调整为 192GPa 时，裂纹长度等于实际尺寸长度 3.8077mm；弹性模量调整值在 10% 范围内，满足相关标准的要求。

3）预制裂纹

在 K_{IC} 试验主菜单窗口，点击预制裂纹试样按钮，开始预制裂纹。当裂纹长度达到要求数值时，预制裂纹结束，出现图 4-34 所示预制裂纹结束确认窗口。

3. K_{IC} 试验参数与加载

K_{IC} 试验参数包括数据存储参数、试验终止参数与 K_{IC} 试验参数。

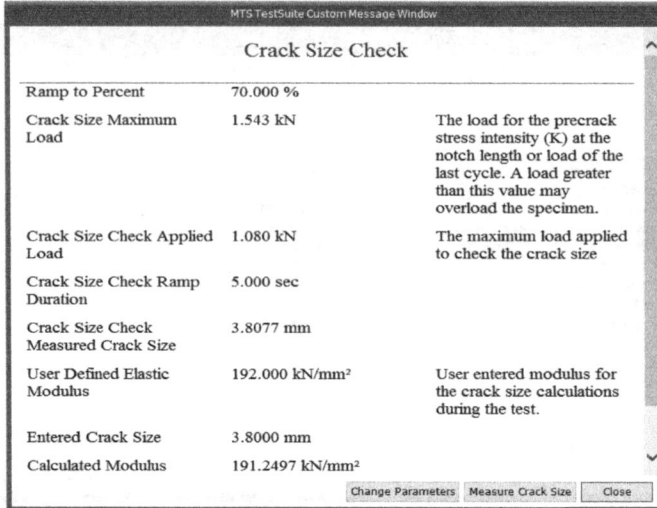

图 4-32　裂纹长度检查

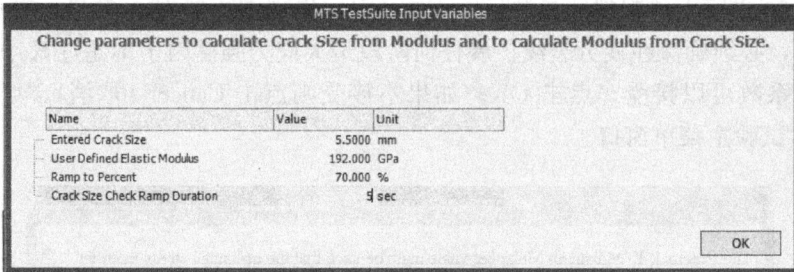

图 4-33　裂纹检查参数设置

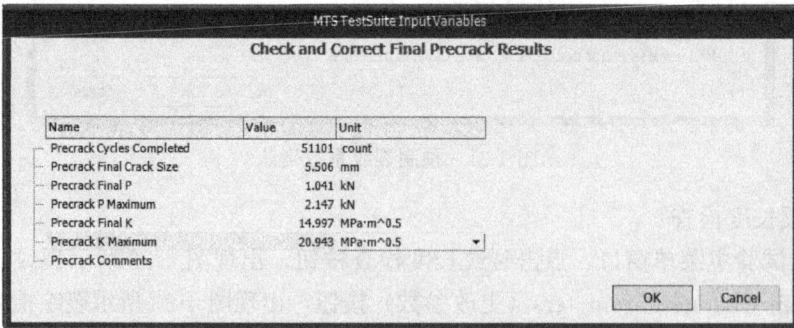

图 4-34　预制裂纹结束确认

1）数据存储参数

在 K_{IC} 试验主菜单窗口，点击数据存储参数按钮，出现图 4-35 所示窗口，参数设置如下：预制裂纹 500 周循环进行数据存储，K_{IC} 数据采集频率 10Hz，预制裂纹存储百分数极限为 20%。

2）试验终止参数

在 K_{IC} 试验主菜单窗口，点击试验终止参数按钮，出现图 4-36 所示窗口，参数设置如下：选择使用COD极限，最大COD极限3mm；选择使用载荷极限，载荷上限100kN；

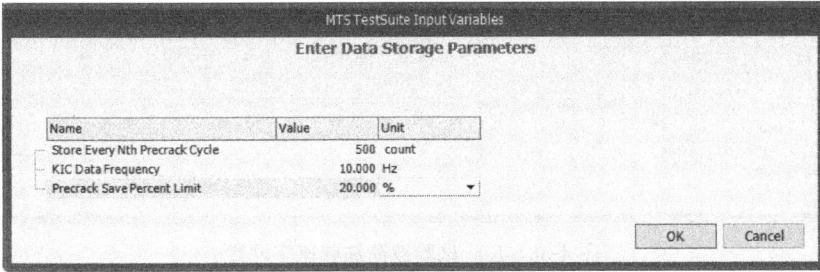

图 4-35 K_{IC} 数据存储参数设置

不选择位移极限，位移上限不用设置；"试验结束时关闭站台"一项选择 No。

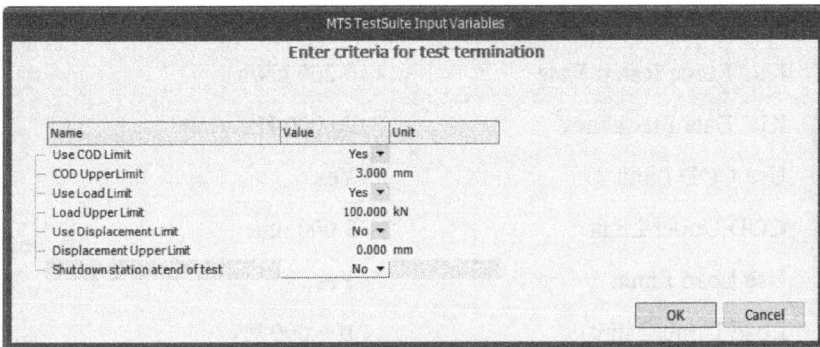

图 4-36 K_{IC} 试验终止参数设置

3）K_{IC} 试验参数

在 K_{IC} 试验主菜单窗口，点击 K_{IC} 试验参数按钮，出现图 4-37 所示 K_{IC} 试验控制方式选项，包括三个控制方式：载荷、COD 与位移。选择载荷控制方式，点击 OK，出现图 4-38 所示载荷加载速率参数设置窗口。

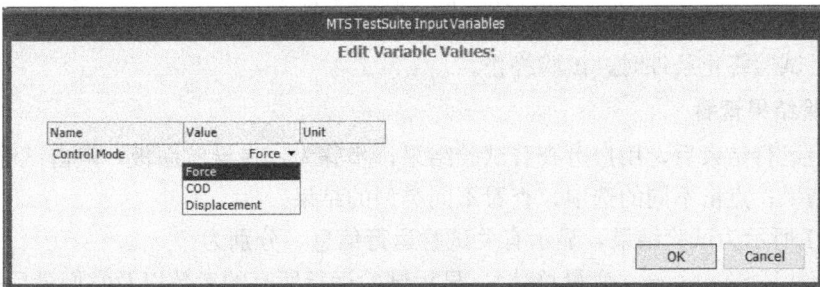

图 4-37 K_{IC} 试验控制方式选项窗口

在图 4-38 中，K_{IC} 试验斜波加载速率为 0.20kN/s，选择的速率确保应力强度因子加载速率介于 0.5～3MPa·m$^{0.5}$，点击 OK，出现图 4-39 所示 K_{IC} 试验参数确认窗口。

4）K_{IC} 试验加载

在图 4-39 中检查 K_{IC} 试验的各个参数，确认后点击 Yes，出现提示：点击 RUN（运行）按钮开始 K_{IC} 试验。图 4-40 所示为 K_{IC} 试验过程中实时显示的载荷与 COD 关系曲

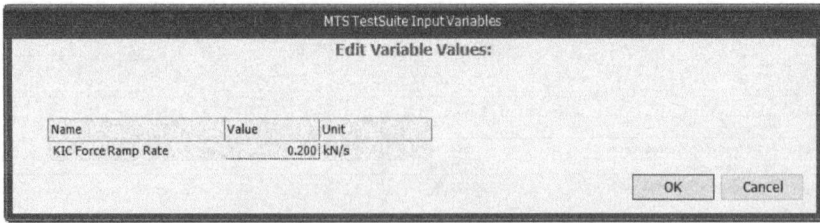

图 4-38 K_{IC} 试验载荷加载速率设置

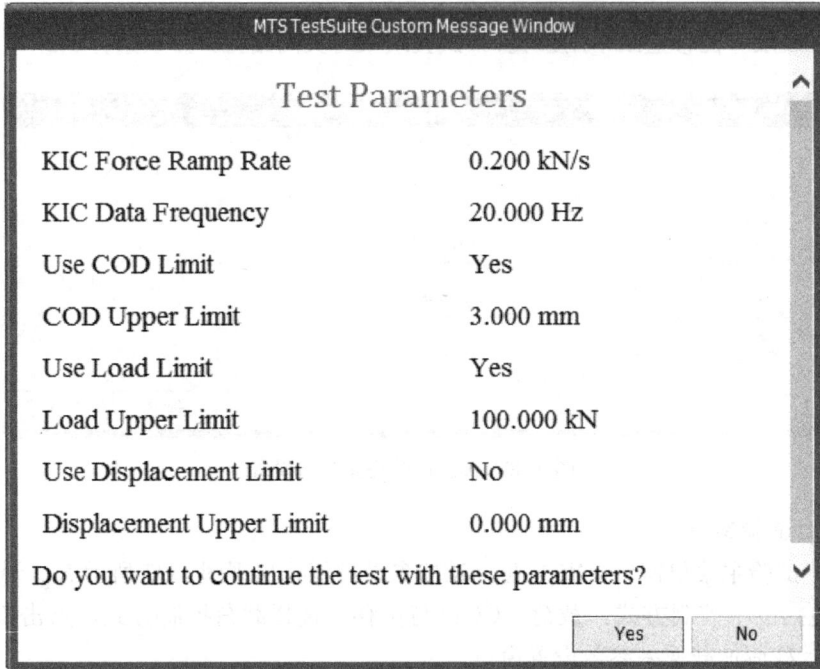

图 4-39 K_{IC} 试验参数确认

线，当满足试验终止条件时，试验终止。

4. 试验结果查看

在试验运行结束后，用户可查看试验结果，步骤为：在导航面板，点击试验运行的名称；点击结果；点击不同的选项，查看不同类型的结果。

图 4-41 所示为试验结果，显示有关试验运行信息，分别为：

①Variable Summary（变量总结）：显示试验运行所有的参数以及它们最后的数值。

②History（历史记录）：显示最大-最小值或者峰值-谷值对时间或循环数的图形，如数据组、数据点或循环数。

③Hysteresis Chart（迟滞图）：在试验循环过程中显示循环或组数据，用户可在试验后选择图形的变量。

④Variable Chart（变量图）：显示在每个试验循环中采集、计算并存储在数组中的数据。

⑤Test Run Log（试验运行日志）：显示来自所有试验运行的活动。

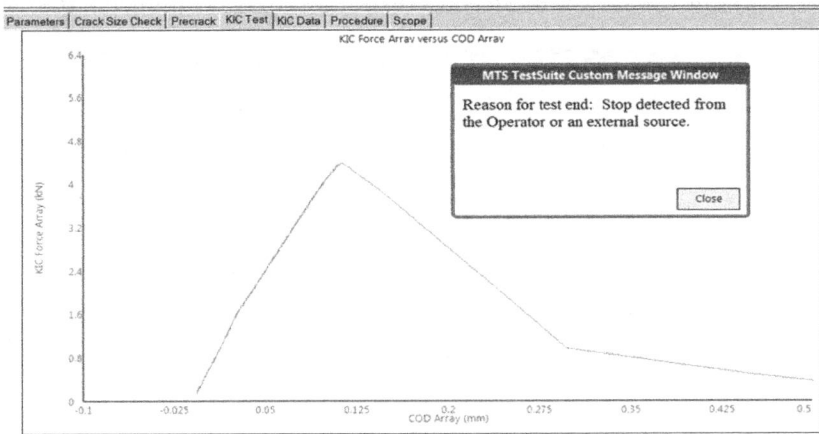

图 4-40　K_{IC} 试验载荷与 COD 关系曲线

⑥Precrack Command-Data Acquisition（预裂指令-数据采集）：显示预制裂纹过程中采集的数据。

⑦Crack Size Check Cycle-Data Acquisition（裂纹尺寸检查-数据采集）：显示裂纹检查过程中采集的数据。

⑧Data Acquisition（数据采集）：显示在 K_{IC} 试验过程中采集的数据。试验不会生成任何报告，用户可以利用试验后的分析生成试验结果的报告。

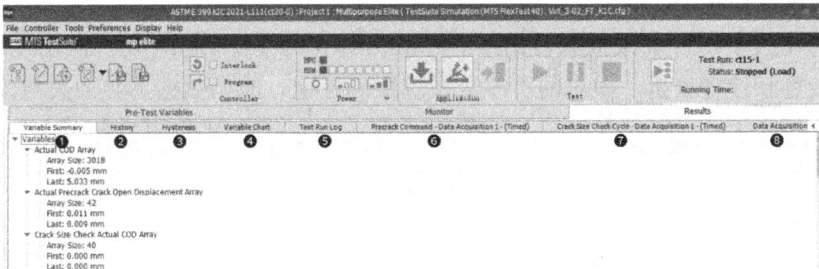

图 4-41　试验结果

三、K_{IC} 试验分析实例

1. 启动断裂分析器

用户使用 MTS K_{IC} 试验模板创建的每一个试验，均包含默认的分析定义，可使用断裂分析器分析试验运行。启动断裂分析器的步骤如下：

1）在 TestSuite 工具菜单，启动 Fracture Analyzer（断裂分析器）软件，点击 Preference（首选项）→Configuration（配置）→Language（语言），选择 Chinese（中文），重新启动后，成为中文版断裂分析器。

2）右键点击用户想要分析的 K_{IC} 试验运行，并选择新建分析试验运行。

3）输入一个新的定义名称，或者采用默认的名称。

4）点击增加分析。

5）选择接受默认的显示，点击 OK，出现图 4-42 所示 K_{IC} 试验分析窗口。

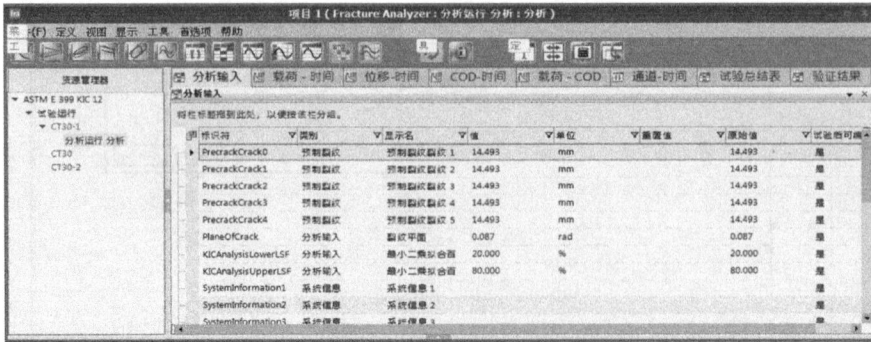

图 4-42　K_{IC} 试验分析

2. K_{IC} 断裂韧性分析视图

K_{IC} 模板预先配置了符合 ASTM 标准的数据分析部分，分析定义是使用断裂分析器分析试验运行，在图 4-42 中列出 K_{IC} 断裂韧性数据分析常用的视图，包括：分析输入；载荷-时间；位移-时间；通道-时间；COD-时间；载荷-COD；试验总结表；验证结果。

1）分析输入

在图 4-43 所示 K_{IC} 试验分析输入窗口中，选项包括预制裂纹长度、裂纹平面与最小二乘法回归区间等，其中预制裂纹长度可通过读数显微镜测量断后的断口，确认是否需要进行裂纹长度的修正。

例如，在图 4-43 中，裂纹长度由 14.493mm 修正为 14.7mm，用户点击刷新按钮后，应用程序会重新计算分析。做出的更改会在重置列标记，原始数据不会丢失与改变。

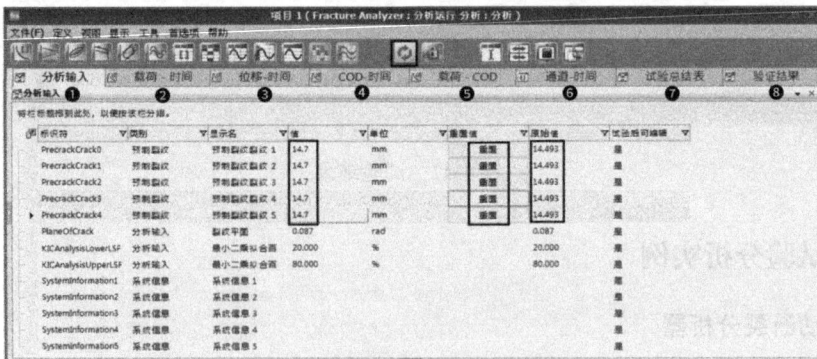

图 4-43　K_{IC} 试验分析输入

2）K_{IC} 试验分析图

分析图为表格中报告的数据提供了直观的指示（见图 4-43 中的第②～⑤项）：

● 载荷-时间图，显示试验过程中载荷的变化；

● 位移-时间图，显示试验过程位移的变化；

● COD-时间图，显示试验过程中裂纹张开位移 COD 的变化；

● 载荷-COD 图，显示试验过程中载荷如何随着 COD 而变化（图 4-44）。如果在试验过程中出现 pop-ins（崩裂）现象，图形也能显示出来，并可通过该图计算临界载荷 P_Q 或 P_5。

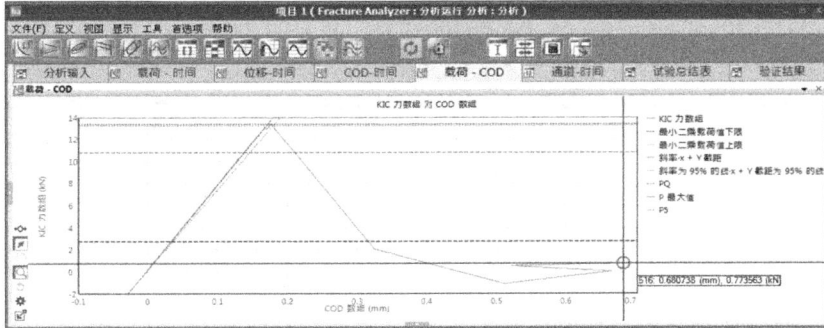

图 4-44　载荷-COD 图

3）通道-时间

图 4-45 所示为通道-时间数据表，即以数组形式存储采集的所有数据，包括：K_{IC} 时间数组；K_{IC} 载荷数组；K_{IC} 裂纹张开位移 COD 反向数组；K_{IC} 位移数组。

图 4-45　通道-时间数据表

4）试验总结表

图 4-46 所示为 K_{IC} 试验总结表，点击类别右侧的箭头，选择分析后，出现如下主要参数：$K_Q = 47.166 \text{MPa} \cdot \text{m}^{0.5}$，$P_Q$ 与 $P_{最大}$ 为 13.405kN，P_5 为 13.274kN，直线段斜率为 95% 的线段值为 73.386kN/mm，以及最小二乘法载荷上下限数值等。

图 4-46　K_{IC} 试验总结表

5）验证结果

图 4-47 所示为 K_{IC} 试验有效性结果验证，主要包含：P_{max}/P_Q 是否小于等于 1.1；$2.5 \left(K_Q/\sigma_{p0.2}\right)^2$ 是否小于 $W-a$；裂纹长度以及前缘尺寸是否有效；裂纹平面要求；预制裂纹的条件要求。如果上面的判据均满足要求，那么 K_Q 就是有效的 K_{IC}。

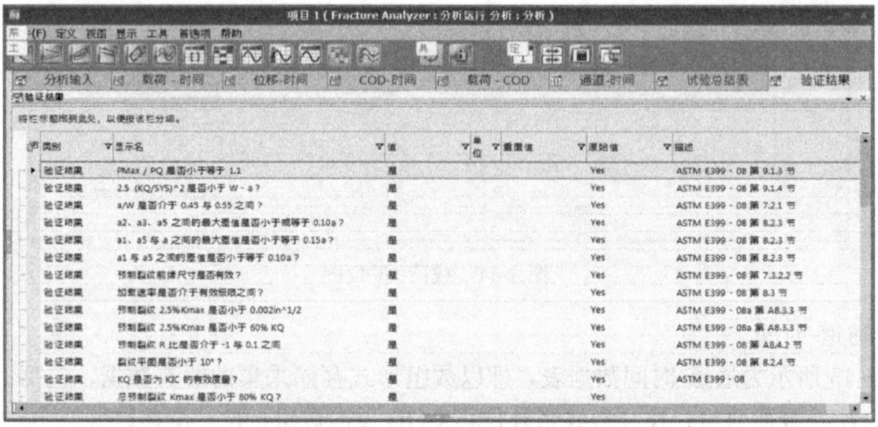

图 4-47　K_{IC} 试验有效性结果验证

第五章
谱文件

本章包含使用 MTS TestSuite 的 Multipurpose Elite（简称 MPE）应用软件创建谱文件试验具体说明。运行谱文件需要通过 Station Manager（站台管理器）应用软件实现，只有熟悉 MPE 与站台管理器应用软件的专家，才能完成本章的测试内容。如果站台管理器设置不当，将导致系统或试样的损坏。

第一节　使用谱文件

一、谱文件概述

谱文件活动是基于文本编辑器或电子表格应用程序创建的谱文件而生成的指令。一个谱文件是在一行中定义一个特定的指令段（或一系列指令段），当控制器运行谱文件时，首先运行第一行中的段或循环，然后是第二行，依此类推。一个单独的谱文件通常包含整个测试的指令内容。

1. 根目录与相对路径

应用软件使用根目录协助管理应用程序和外部文件在文件系统中的驻留位置。根目录是试验、模板、报告模板和外部文件（比如谱文件）的工作目录。当打开或保存这些类型的文件时，应用程序使用根目录中指定的位置作为起始位置。

每个项目定义了以下根目录：

- Test（试验）；
- Template（模板）；
- Report Template（报告模板）；
- External File（外部文件）。

应用软件提供了默认的根目录设置，可通过 Preferences（首选项）→Configuration（配置）→Project（项目）路径查看与修改。对根目录的引用在应用程序中显示为＜Tests（试验）＞、＜Templates（模板）＞、＜Report Templates（试验报告）＞，以及＜External Files（外部文件）＞。

对根目录的引用被视为相对文件路径。当使用相对路径优于使用绝对文件路径时，应该在测试和模板定义中使用这些引用。当使用相对路径定义试验和模板时，可以更容易地在 PC 机和测试实验室之间实现共享。如果使用一致，对根目录的引用会更灵活地在文件系统中组织文件。

注：当输入文件路径时可以使用对根目录的引用。

1）在<External Files（外部文件）>目录中选择谱文件

假设用户想选择一个存储在外部范围根目录的谱文件，名称为"1Chan. blk"，为此，在谱文件活动性质编辑器中，用户需要输入完全准确的文件名"C：\MTS TestSuite\External Files\1Chan. blk"。应用程序将识别路径中的根目录，并自动用根目录引用替代路径部分。在这个例子中，显示为"<External Files>\1Chan. blk"。要再次选择这个谱文件，只需输入根目录引用与文件名。

2）在<External Files（外部文件）>目录的子目录中选择谱文件

假设用户选择一个名称为"1Chan. blk"的谱文件，它存储在外部文件根目录"Profiles"的子目录下，为此，用户可以在谱文件活动编辑器中，输入一个完全准确的文件名"C：\MTS TestSuite\External Files\Profiles\1Chan. blk"，或者输入"<External Files>\Profiles\1Chan. blk"。

2. 谱文件试验概述

1）谱文件试验设计

①在文本文档中创建自定义波形的谱文件，该谱文件包括自定义计数器和自定义动作。

②在 Station Manager（站台管理器）应用软件中，使用 Event-Action Editor（事件-动作编辑器）在谱文件相关的站台配置中创建一系列动作。

③使用谱文件活动，引用谱文件中的信息。

④使用谱文件活动将谱文件中的动作映射到站台配置中定义的试验动作，并将谱文件计数器映射到一个试验变量。

⑤MPE 监视器显示监测的试验结果，包括：

● 信号示波器监视谱文件的波形；

● 数字信号输入输出指示器，显示谱文件运行到哪一部分；

● 变量仪表跟踪谱文件运行次数。

2）用于创建谱文件试验 MPE 的特征

①谱文件活动用于通道映射、动作映射、计数映射。

②监视器显示包括：

● 信号示波器显示；

● 数字输入输出指示器；

● 变量仪表。

3）影响谱文件的控制

当用户利用 MPE 应用软件设计谱文件时，必须了解影响试验的各种控制，图 5-1 展示了影响试验的各种控制因素，主要包括：运行谱文件的 MPE 控制面板；事件-活动编辑器；谱文件。

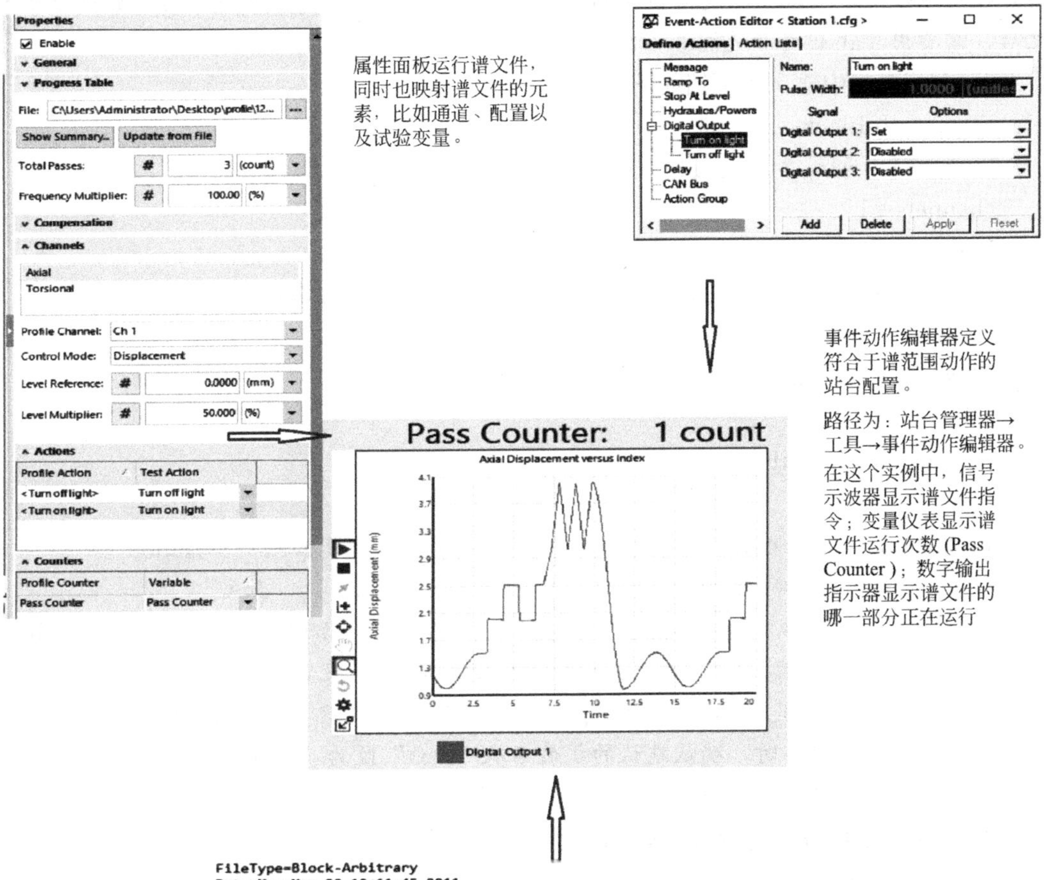

属性面板运行谱文件，同时也映射谱文件的元素，比如通道、配置以及试验变量。

事件动作编辑器定义符合于谱范围动作的站台配置。

路径为：站台管理器→工具→事件动作编辑器。

在这个实例中，信号示波器显示谱文件指令；变量仪表显示谱文件运行次数（Pass Counter）；数字输出指示器显示谱文件的哪一部正在运行

```
FileType-Block-Arbitrary
Date-Mon May 20 12:11:45 2011
channels-1
Description-Custom Waveform
ActionList- <Turn on light>, <Turn off light>, "Pass Counter"
Channel(1)-Ch 1
Max-8.0000 mm
Min-2.0000 mm
Dimension- Length
Frequency        Count        Shape    Level1   Level2       Action
Hz               segments     NA       mm       mm           NA
0.25000          4.0000       Sine     2.0000   3.0000       <Turn on light>
0.5000           4.0000       Square   4.0000   5.0000       <Turn off light>
1.0000           6.0000       Ramp     6.0000   8.0000       "Pass Counter"
```

图 5-1　MPE 控制谱文件过程示意

二、创建谱文件实例

谱文件是利用特定格式和句法，定义随机或自定义波形的文档。本节目的是创建一个模拟运行的谱文件实例。当设置和运行试验时，用户可以使用谱文件活动引用谱文件的信息。

谱文件包含 DIO（数字输入输出）动作，以及谱文件每运行一次的计数。动作包括打开一盏灯（图形 LED 指示灯）并同步于正弦波与方波。

1. 创建谱文件的过程

1）点击计算机桌面上的 Start（开始）按钮，选择 Programs（程序）→Accessories（附件）→Notepad（记事本）。

注：下一步，用户是从 PDF 文件中复制实例的谱文件文档，并粘贴到记事本中，而

不是被动地输入，确认文档就像显示的。由于文件中的空格会导致错误，在粘贴到记事本之后，需要用 Tab 键替换空格，以便对齐各列。

2）在记事本中输入的文档如下：

FileType＝Block-Arbitrary

Date＝Mon May 24 12：11：45 2021

channels＝1

Description＝Custom Waveform

ActionList＝＜Turn on light＞，＜Turn off light＞，" Pass Counter"

Channel（1）＝Ch 1

Max＝8.0000mm

Min＝2.0000mm

Dimension＝Length

Frequency	Count	Shape	Level1	Level2	Action
Hz	segments	NA	mm	mm	NA
0.25000	4.0000	Sine	2.0000	3.0000	＜Turn on light＞
0.5000	4.0000	Square	4.0000	5.0000	＜Turn off light＞
1.0000	6.0000	Ramp	6.0000	8.0000	"Pass Counter"

注：当存储谱文件时，确认默认的扩展名从 ".txt" 改为 ".blk"。

3）文件存储到桌面上，存为 "ProfileTest.blk"。

2. 创建控制器资源映射到谱文件的动作

本任务打开站台配置文件，并使用站台管理器中的 Event-Action Editor（事件-动作编辑器）自定义动作。任务的目的是定义谱文件中的关键字，对应控制器资源的响应（或动作）。在这个实例中，用户可以在站台配置文件中配置数字输出资源，以设置和清除对应于谱文件中关键字的响应 "＜Turn on light（打开灯）＞" 与 "＜Turn off light（关闭灯）＞"。具体步骤如下：

1）点击计算机桌面的 Start（开始）按钮，选择 Programs（程序）→MTS 793 Software→Station Manager（站台管理器）。

注：如果提示选择控制器，那么选择 TestSuite Simulator（MTS FlexTest 40）控制器。

2）在 Open Station（打开站台）窗口，选择 "2 Chan.cfg" 配置文件，然后点击 Open（打开）。

注：用户在前两步选择的控制器与配置文件，是使用试验设计指南创建与运行模拟试验。当用户使用其他站台连接实际系统，可能需要选择其他的控制器或选择正在使用站台相匹配的配置文件。

3）为 Configuration（配置）访问级别设置密码，或者不用设置密码，将该字段留空，然后单击 OK。

4）为配置访问设置密码，默认密码为 "Configuration"。

5）在 Tools（工具）菜单，选择 Event-Action Editor（事件-动作编辑器）。

6）在图 5-2 所示 Define Actions（定义动作）选项中，点击 Digital Output（数字输出）。

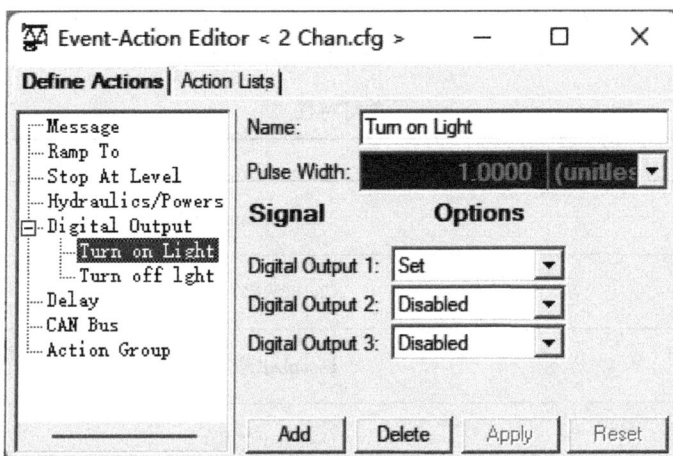

(a) 开灯特性设置

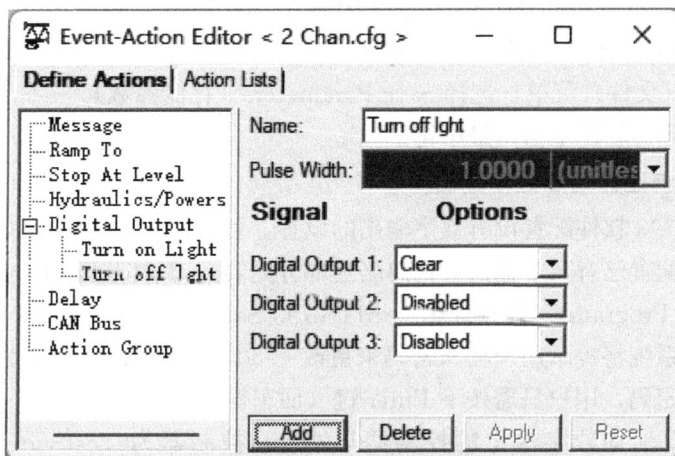

(b) 关灯特性设置

图 5-2　事件-动作编辑器的数字输出

7）点击 Add（增加）按钮。

8）在图 5-2(a) 所示窗口中，输入开灯特性，见表 5-1。

开灯特性　表 5-1

性质	数值
Name 名称	Turn on Light(开灯)
Digital Output 1 数字输出 1	Set(设置)
Digital Output 2 数字输出 2	Disabled(禁用)
Digital Output 3 数字输出 3	Disabled(禁用)

9）点击 Apply（应用）按钮。

10）点击 Add（增加）按钮。

11）在图 5-2(b) 所示窗口中，输入关灯特性，见表 5-2。

关灯特性   表 5-2

性质	数值
Name 名称	Turn off light(关灯)
Digital Output 1 数字输出 1	Clear(清除)
Digital Output 2 数字输出 2	Disabled(禁用)
Digital Output 3 数字输出 3	Disabled(禁用)

12）点击 Apply（应用）按钮，然后关闭事件-动作编辑器。

13）返回到 Operator（操作员）访问水平。

14）在 File（文件）菜单，选择 Save Parameters（存储参数）。

15）站台管理器软件主窗口最小化。

3. 使用站台创建器增加数字输出

如果用户的 793 软件配置没有数字输出的设置，可以使用 793 站台创建器增加数字输出（如果用户的配置已有数字输出，请忽略这部分内容），具体步骤如下：

1）点击 All Programs（所有程序）→MTS 793 Software（793 软件）→Station Builder（站台创建器），系统将提示用户输入密码来更改 793 配置。默认的密码为 Configuration；如果设置的是空密码，用户只需按下 Enter 键（回车键）。

2）打开想要增加数字输出的控制器与站台，控制器为 TestSuite Simulation（或 MTS FlexTest 40）；站台为 "2 Chan. cfg"。

3）在图 5-3(a) 所示面板选择 Digital Outputs，在 Output Hardware Resources（输出硬件资源）选择第一个硬件。

4）在图 5-3(b) 所示面板中点击加号 "＋" 3 次，为配置增加 3 个数字输出。

5）选择 File（文件）→Save（存储），以存储设置的参数，用户可忽略参数不匹配的警告，选择 Yes。

4. 启动 MPE 应用软件并创建新的试验容器

此任务创建一个新的试验容器文件，并打开 Procedure（序列）工作区。当用户启动 MPE 应用软件时，将自动连接用户的站台。

MPE 应用软件提供选择已有文件或创建新文件的方法，用户可点击工具栏进行菜单的选择，或者使用右键点击菜单，具体步骤如下：

1）点击 Windows Start（启动）按钮，选择 Programs（程序）→MTS TestSuite→Multipurpose Elite（MPE）。

2）选择 File（文件）→New（新的）→Test（试验），创建一个新的试验。

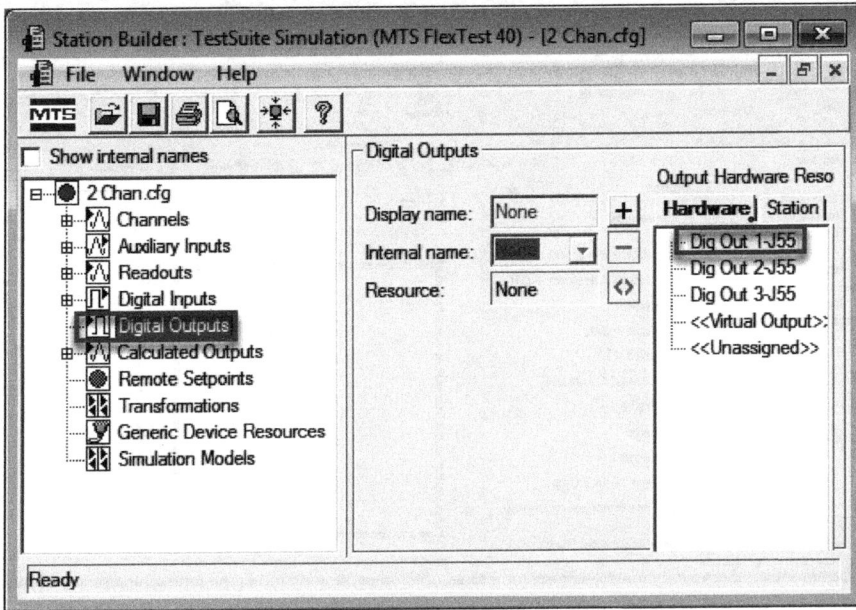

(a) 设置数字输出窗口

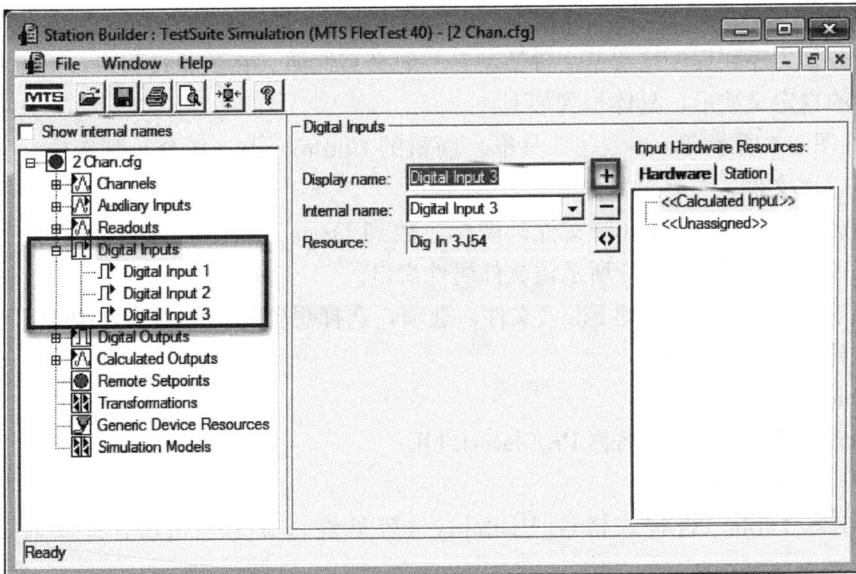

(b) 增加数字输出选项

图 5-3 设置数字输出

3）在 Explorer（浏览器）面板，点击 Procedure（序列），显示图 5-4 所示序列工作区。

4）在图 5-4 "启动"与"停止"图标之间，有 Drop Activities Here（在此处放置活动）的提示。

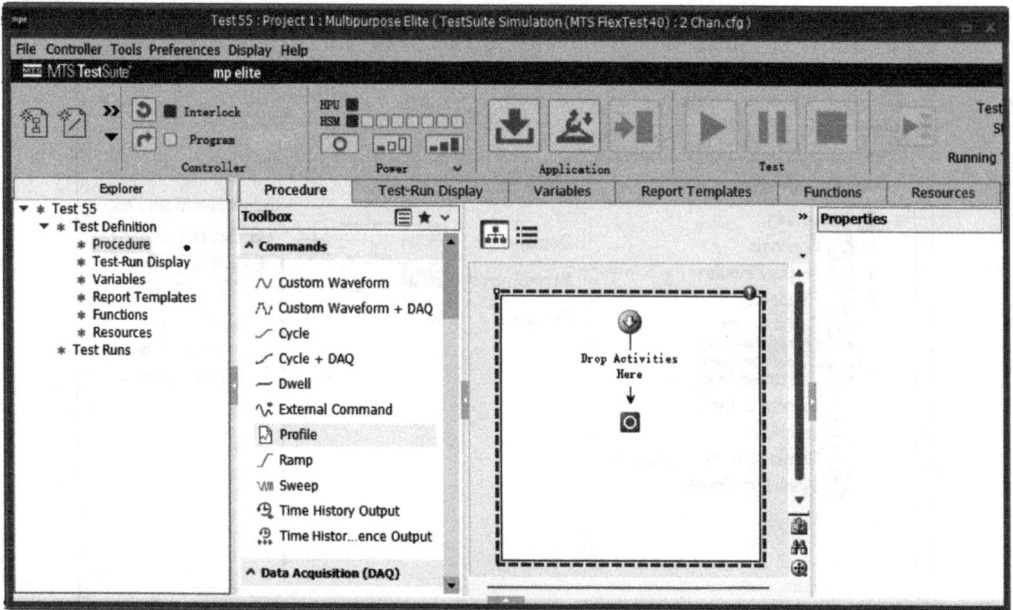

图 5-4　MPE 试验容器序列工作区

5. 增加谱文件活动

此任务是为序列程序增加谱文件活动，并定义其性质。在试验过程中，引用并执行在谱文件中的自定义波形，具体步骤如下：

1）在图 5-4 所示 Toolbox（工具框）面板的 Commands（指令）列表中，下滑滚动到 Profile（谱文件）。

2）选中并拖动 Profile（谱文件）图标，放到 Drop Activities Here（在此处放置活动）的工作区，出现在图 5-5 所示谱文件属性窗口。

在图 5-5 右侧属性窗口的 File（文件）选项，选择想要运行的谱文件 Profiletest. blk，出现谱文件属性的选项为：

Enable（启用）：勾选；

General（通用）：显示名称 Profiletest. blk；

Description（描述）；

Progress Table（进程表格）：Visibility（可见性）有 3 个选项，即瞬时、固定与从不；

File（文件）：C：\Users\lqwan\Desktop\pro\turnon. blk；

Show Summary（显示概况）：包括谱文件的路径、类型、波形以及通道的映射；

Update From File（来自文件的更新）：如果谱文件经过修改，在运行之前应点击此更新按钮；

Total Passes（总次数）：3 次；

Frequency Multiplier（频率系数）：100％；

Compensation（补偿器）：No Compensation（没有补偿）；

Channels（通道）：CH1；

Profile Channel（谱文件通道）：Axial；

Control Mode（控制方式）：Displacement（位移）；

Level Reference（端值参考值）：0

Level Multiplier（端值系数）：100%；

Profile Action（谱文件动作）：在 Test Action（试验动作）选项中分别选择＜Turn on Light＞与＜Turn off Light＞。

Pass Counter（过程计数）：选择变量 Pass Counter。

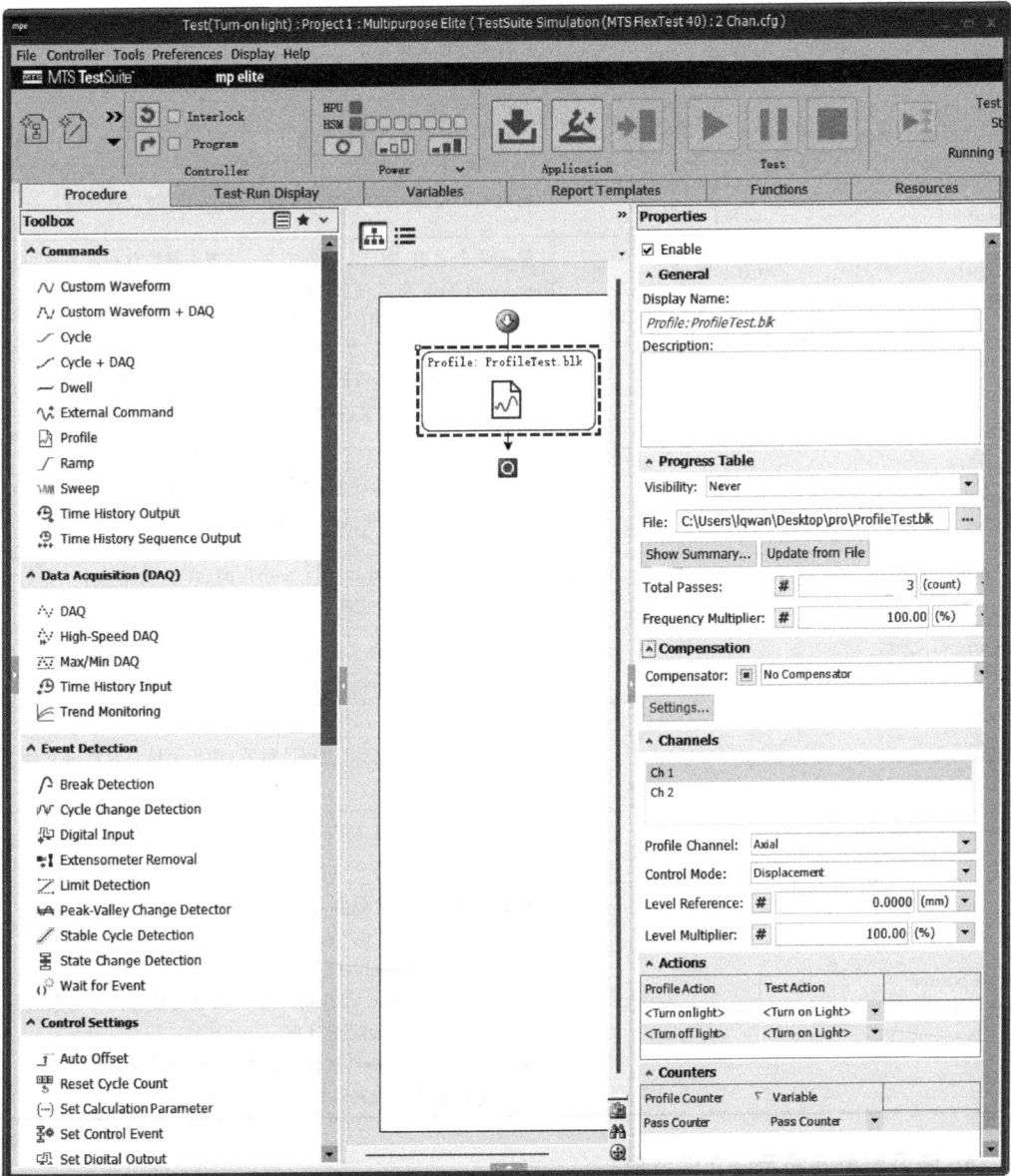

图 5-5　谱文件属性设置

3）图 5-5 中有关运行谱文件活动特性的具体说明见表 5-3。

谱文件活动特性　　　　　　　　　　　　　　　　　　　　　　　表 5-3

特性	数值	效果/解释
Display Name 显示名称	Profile	谱文件
File 文件	Profiletest. blk	引用在 Profiletest.blk 谱文件的信息,该文件是在"Creating a Profile 创建谱文件"部分创建的。 Show Summary(显示概况)展现了谱文件与站台配置之间的通道映射,而 Update From File(来自文件的更新)引用的是谱文件当前的版本
Total Passes 总的循环次数	3 次	运行谱文件 3 次
Frequency Multiplier 频率系数	100%	
Compensator 补偿器	No Compensator 没有补偿器	随机端值控制可用于谱文件的活动在运行时没有补偿
Channels 通道	Ch 1 与 Ch 2	显示两个通道:通道 1 与通道 2。通道 1 是位移控制方式,Level Reference(端值参考值)的值 0,Level Multiplier(端值系数)为 100%。通道 2 未使用
Profile Action column label 谱文件列标识		为列中的动作命名,例如＜Turn on light 开灯＞、＜Turn off light(关灯)＞,是谱文件中的关键词
Test Action column label 试验动作列标识		在站台配置列中的动作＜开灯＞、＜关灯＞,由用户谱文件中定义。MPE 应用软件自动匹配站台的动作与谱文件的动作
＜Turn on light＞ ＜开灯＞		当运行谱文件中的＜开灯＞动作时,在站台中执行"开灯"动作。站台中的"开灯"动作设置(打开)数字输出 1 资源
＜Turn off light＞ ＜关灯＞		当运行谱文件中的＜关灯＞动作时,在站台中执行"关灯"动作。站台中"关灯"动作清除(关闭)数字输出 1 资源
Profile Counter column label 谱文件计数器列标识		在列中的计数器名称(过程计数器)作为关键字存在谱文件中
Variable column label 变量列标识		列出使用变量通过 MPE 创建的计数器。在创建计数器之前,此列为空白
Pass Counter 过程计数器		为了让变量支持计数器,做如下设置: ● 点击列表图标下的"Variable(变量)"; ● 选择"New Variable(新的变量)"; ● 在 New Numeric Variable (新的数值变量)窗口,观察过程计数器变量默认值,然后点击 OK; ● 观察 Pass Counter(过程计数器)下面的可变列。 过程计数器随着谱文件每运行一次而增加

6. 增添监视器显示谱文件波形

此任务为试验添加信号示波器,在测试过程中,信号示波器模拟传统示波器。用户可以使用信号示波器来查看谱文件生成的自定义波形。

1)点击 Test-Run Display（试验运行显示）选项。

2）在 Toolbox（工具箱）面板中，注意各种可用的显示。如有必要，展开信号列表。

3）拖动 Signal Scope（信号示波器）图标到工作区，放到想要的位置。

4）对于 Trace Time（跟踪时间），输入 20.0s。

5）观察 Properties（属性）面板中信号示波器上的错误图标和屏幕底部的错误列表，这将指导用户为信号示波器的 Y 轴定义一个参数。

6）如有必要，单击以展开"跟踪"面板。然后，在 Y 轴信号属性旁边，单击 Signal List（信号列表）图标。

7）选择 Ch 1 Displacement Command（通道 1 位移指令），点击 OK，出现图 5-6 所示的监视位移信号的示波器。

注：时间是用于 X 轴的默认参数。

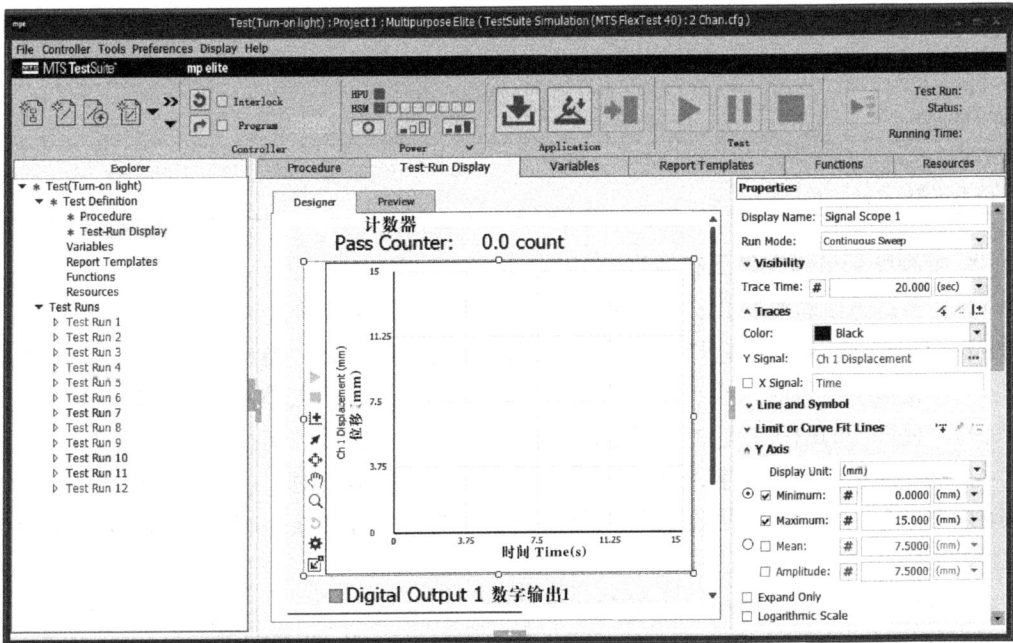

图 5-6　试验运行中的示波器

8）点击扩展 Y 轴面板。

9）勾选 Minimum（最小值），并将该值设置为 0。

10）勾选 Maximum（最大值），并将该值设置为 15mm。

11）点击扩展 X 轴面板。

12）勾选 Minimum（最小值），并将该值设置为 0。

13）勾选 Maximum（最大值），并将该值设置为 20s。

7. 增加监视器跟踪谱文件过程

目的是为试验添加一个变量仪表。在测试过程中，每运行一次谱文件，变量仪表就会增加计数 1 次。变量仪表使用的变量在 Adding a Profile Activity（增加谱文件活动）部分介绍，用于追踪谱文件中的关键字"Pass Counter（过程计数器）"。具体步骤如下：

1）点击 Test-Run Display（试验运行显示）选项。

2）在 Toolbox（工具箱）面板，注意各种可用的监视器显示。

3）从 Variables（变量）列表中，选择 Variable Meter（变量仪表）。

4）拖动变量仪表图标，放到想要的位置。

注：用户可以双击标量仪表图标，放置到序列程序的工作区。

5）观察 Properties（属性）面板中变量仪表上的错误图标，以及屏幕底部的 Error（错误）列表，这将指导用户为变量仪表选择一个变量，在变量选项选中 Pass Counter，出现图 5-6 中谱文件过程计数窗口。

6）必要时，输入或修改表 5-4 所示监视器显示追踪谱文件过程参数的信息。

监视器显示追踪谱文件过程参数　　　　　　　　　　　　表 5-4

性质	数值
Variable 变量	从变量选择窗口，点击 Variable(变量)图标选择数值
Label Font Size 标签字体大小	24
Value FontSize 数值字体大小	24

8. 监视哪部分谱文件正在运行

此任务是为试验增加 Digital IO（数字输入输出）。在试验过程中，当谱文件＜Turn on light（开灯）＞关键字运行时，数字输入输出指示器闪亮。当谱文件＜Turn off light（关灯）＞关键字运行时，数字输入输出指示器关闭。数字输入输出仪表采用相应的"开灯"与"关灯"的动作，是在"创建控制器资源映射到谱文件的动作"部分定义的。

在谱文件中设置关键字，目的是当自定义波形方波运行时，Digital IO 指示器闪亮。使用这个概念，用户可以根据需要在测试过程中打开数字 Digital IO 指示灯，具体步骤如下：

1）点击 Test-Run Display（试验运行显示）选项。

2）在 Toolbox（工具箱）面板，注意各种可用的监视器显示；从 Interactive（交互式）列表中，选择 Digital IO（数字输入输出）。

3）拖动 Digital IO 图标，放到所需的位置上（见图 5-6）。

注：用户可双击 Digital IO（数字输入输出）图标，放到序列程序工作区。

4）在 Properties（属性）面板上，观察 Digital IO 指示灯上的错误指示以及错误列表，可指导用户为 Digital IO 指示灯选择资源。

5）必要时，输入或更改表 5-5 所示数字输入输出指示器性质的信息。

数字输入输出指示器性质　　　　　　　　　　　　　　表 5-5

性质	数值
Signal 信号	Digital Output 1(数字输出 1)
Font Size 字体大小	24

9. 启动试验序列并观察响应

该任务启动试验，并在监视器显示屏上显示测试信息，目的是观察谱文件运行时的指令、计数器和动作单元。具体步骤如下：

1）打开 HPU（液压动力单元）确保站台的动力，如果 Power（动力）面板的自锁指示灯闪亮，点击 Reset（重置）按钮，然后点击 HSM 的 Low（低压）与 High（高压）按钮。

2）在工具栏点击 New Test Run（新的试验运行）图标。

3）观察试样选择窗口，这个窗口与用户测试试样的物理特性有关。由于是新的试验，没有先前运行的试样，点击 Add，增加一个新试样图标，通过（＋）选择一个新的试样。

4）观察新的试样，其试样性质如表 5-6 所示。

试样性质选择	表 5-6
性质	数值
Name 名称	Specimen-1(试样 1)
Geometry 几何形状	Generic(通用)
Domain 域	Generic(通用)

5）点击 OK。

6）观察设置变量窗口，点击 OK。

7）为启动试验，点击试验控制面板上的 Run（运行）按钮。

8）在监视器上显示谱文件的运行，观察试验：

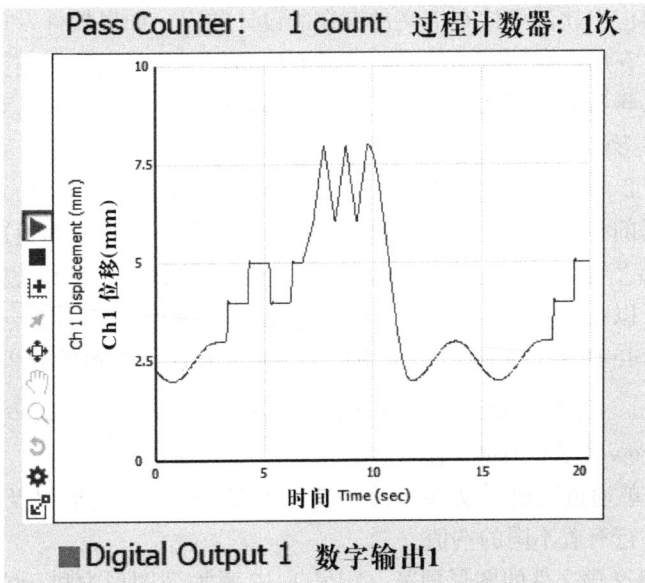

图 5-7 谱文件运行显示实例

● 在信号示波器跟踪显示位移指令的波形，包括正弦、方波与斜波，波形重复 3 次；

● 在谱文件完成一次运行之后，Pass Counter（过程计数器）增加 1 次；

● 在每一次谱文件运行中，当方波波形开始启动时，数字输入输出指示器"Digital Output 1"出现绿色（开灯动作）；当方波波形结束时，出现灰色（关灯动作）。

图 5-7 所示为实例谱文件运行第 2 次（名称为"Pass Counter（过程计数器）"的变量仪表显示为"1 次"，因为谱文件的第 2 次运行还没有完成），数字 IO 指示器（Digital Output 1）是工作的，因为当前方波波形正在运行。

9）根据需要对试验进行其他更改并运行。

10）退出 MPE 与 Station Manager（站台管理器）应用软件。

第二节　谱文件编辑器

本节介绍 MTS Profile Editor 谱文件编辑器应用软件的基本概念与主要特点，同时介绍谱文件编辑器如何与其他 MTS 软件配合使用。

一、谱文件编辑器简介

1. 概述

使用谱文件编辑器应用软件，用户可创建与编辑包含自定义与任意波形的文件，而这些文件被称为谱文件。

谱文件编辑器带有图形预览工具，利用这个工具，用户可检验谱文件的波形是否是用户想要的最终结果。

谱文件编辑器应用软件可检查谱文件潜在的设计错误，如果软件发现错误，它会显示详细的错误信息。在用户存储谱文件之前，所有的错误信息必须被更正。

注：谱文件编辑器的图形显示不会显示渐变的锥形波，用户可以在站台管理器的示波器中查看渐变的锥形波。

图 5-8 所示为 2 个通道相位谱文件的图形预览。注意图 5-8 中通道 2 的绘图是如何建立每一行通道数据的相位关系，例如，通道 1 第 2 行的相位是 0°，而通道 2 同一行的相位差是 180°。对于第 2 行，通道 2 的通道数据滞后通道 1 的数据 180°相位差。

如果需要，可以在 Options Editor（选项编辑器）的 Graphical Preview（图形预览）选项中选择 Multiple Plot（多重绘图），用户可分别查看通道 1 和通道 2 的绘图。

当用户在 Tools（工具）菜单选择 Show Graph（显示图形）或者点击 图标时，出现 Graphical Preview（图形预览）窗口。

图 5-9 所示为单通道随机谱文件，需要设置频率、计数、波形以及端值 1 与端值 2，其中第 1 行与第 2 行有着不同的端值。

图 5-10 是图 5-9 谱文件的图形预览（行号 1、2 添加到图形中显示它们在谱文件运行的位置，灰色的竖线代表一行的终止及下一行的开始）。

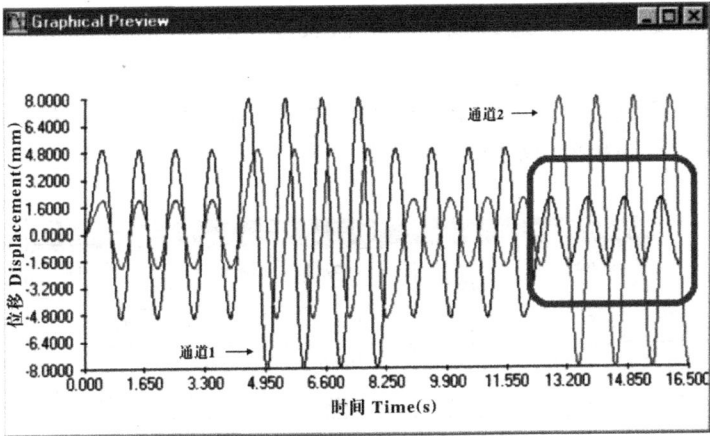

图 5-8　2 个通道相位谱文件图形预览

图 5-9　随机谱文件

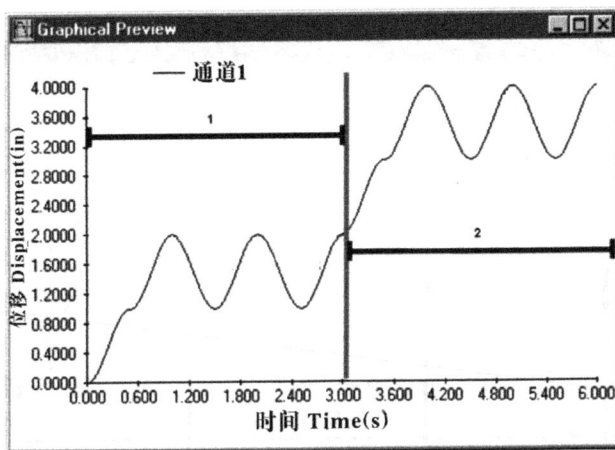

图 5-10　随机载荷谱文件图形预览

2. 关于谱文件

谱文件是一个 ASCII 文本文件，以电子表格形式（或网格形式）定义一系列命令元素。

谱文件网格包含很多行，每一行定义一个指令元素，指令元素可以是单个段或多个段（循环）。每个段（循环）通过波形、端值及速率类型（时间，频率或速率）进行定义。

单个谱文件经常包含一个全部序列程序的指令内容。图 5-11 所示为谱文件网格，包含三行谱文件，每行的频率与端值均不相同。

图 5-11　谱文件网格

对图 5-11 所示谱文件网格具体说明如下：
- 第 0 行指定斜波波形 3 段，每段的时间为 3s，端值幅值为 −10～7mm；
- 第 1 行指定斜波波形 3 段，每段的时间为 4s，端值幅值为 3～6mm；
- 第 2 行指定斜波波形 3 段，每段的时间为 5s，端值幅值为 −8～4mm。

图 5-12 是图 5-11 谱文件的图形预览。

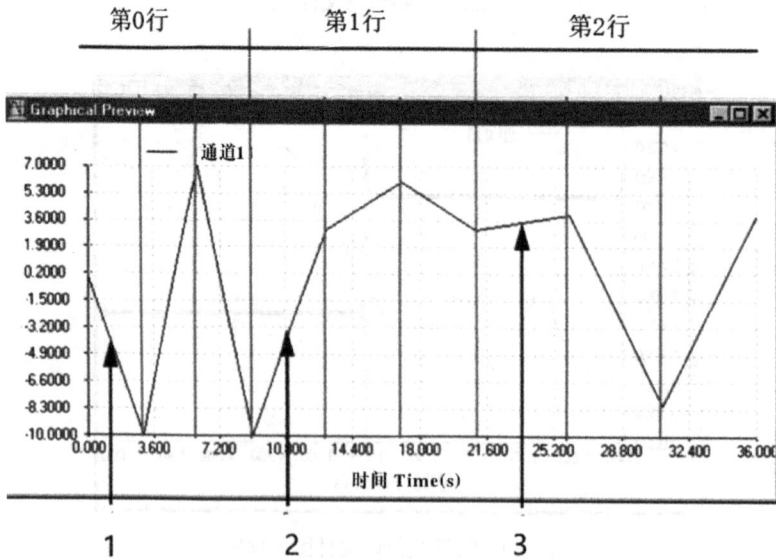

图 5-12　谱文件图形预览

表 5-7 是图 5-11 所示谱文件执行过程的说明，谱文件是按顺序（逐行）读取的形式产生波形。

<table>
<tr><td colspan="2">谱文件执行过程说明</td><td>表 5-7</td></tr>
</table>

图 5-12 中的编号	描述
1	从零到第 0 行的端值 1 的过渡段
2	从第 0 行终值到第 1 行的端值 1 的过渡段
3	从第 1 行终值到第 2 行的端值 1 的过渡段

注：每一行的第一段总是前一行的终值到本行端值 1 的过渡段，在序列程序的起始部分，第一段是从当前值到第 0 行端值 1 的过渡段。

使用谱文件编辑器应用软件，用户可创建与编辑包含自定义或随机波形的谱文件，该文件可与 MTS 其他应用软件配合使用。

3. 关于谱文件的创建

用户通过为网格输入数值创建谱文件，定义随机或自定义波形。

用户创建谱文件的单元，必须匹配站台单元的配置（通过站台创建器软件建立），该站台是运行谱文件的平台。例如，一个谱文件的控制方式，传感器量程以及单位类型，必须与站台配置相匹配，否则用户无法在测试系统中运行谱文件。

4. 关于谱文件的运行

为了运行谱文件，用户必须将谱文件导入 MPE 试验序列程序中，然后运行该试验序列。可通过站台管理器控制面板上的运行、停止与保持控制等按钮实现。

5. 默认的谱文件位置

在 MTS 793 3.5×版本或更早的版本，默认的谱文件位置是：C：\MTS 软件名称（例如，"FTGT"）\profiles。

在 MTS 793 4.0 或者以后的版本默认的位置是：C：\MTS 793\Projects\项目名称（例如，"Project 1"）\Profiles。

6. 项目中的谱文件

项目是一个文件夹，包含 MTS 793 应用软件生成和使用的文件。当用户启动谱文件编辑器时选择一个项目，当前的项目决定了谱文件的存储位置。

默认的项目包含存储在 Profiles 子目录的谱文件，用户可使用 Project Manager（项目管理器）编辑项目的设置或改变谱文件的存储位置。

7. 关于谱文件的使用

当启用谱文件编辑器应用软件时，用户既可以创建一个新的谱文件，也可以打开一个已有的谱文件。

谱文件中的每个通道对应一个通道网格，用户可选择其性质或者对通道网格的单元输入一个数值创建谱文件。

谱文件是以 ASCII 格式存储的。

用户可在 Options Editor（选项编辑器）窗口，指定如何预览与存储谱文件。

1）通道网格

谱文件运行时，按照顺序读取信息并产生相应的波形。通道每一行单元包含如下信息：

Timing（计时）——频率、周期、对于随机模块的速率；

Count（计数）——段或循环周次；

Shape（波形）——方波、斜波、正弦、真正弦、渐近方波、渐近斜波、渐近正弦或渐近真正弦；

End levels（端值）——Level 1（端值 1）与 Level 2（端值 1）；

Phase（相位）——两个通道之间数据的相位差（相位类型的谱文件）；

Action（动作）——计数器或用户定义的动作。

2）谱文件的性质

图 5-13 所示为 Channel Setup（通道设置）窗口。用户可为谱文件的每一个通道网格选择性质，这些选择将体现在通道网格的名称以及通道网格列的标识上。这些性质包括：

Name（通道名称）；

Timing（计时）——频率、周期、对于随机模块的速率；

Dimension（量纲）；

Level Units（端值的单位）；

Count Units（计数单位）——段或循环周次。

8. 关于谱文件的类型

用户使用谱文件编辑器可创建两种类型的谱文件（图 5-14）：Block-Arbitrary（随机模块）；Phase（相位）。

两种类型的谱文件具有相同的基本结构。同时，对于相位类型的谱文件，除了包含随机模块的性质外，用户还可改变两个通道之间的相位关系。

1）随机模块谱文件

随机模块谱文件能控制多个通道，每个通道独立运行。一个模块包含的指令为：2 个端值、一个循环计数、频率以及定义两个端值之间循环的波形。一个段是指从一个端值到另一个端值的直接运动。

每一通道的随机模块谱文件是由一组单个段或者重复段（循环）的模块组成，每个段可有不同的波形、速率、循环数与幅值。

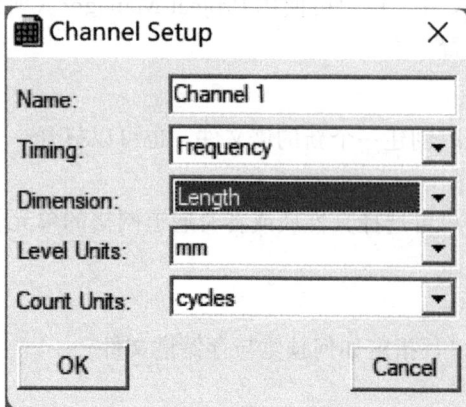

图 5-13　通道设置

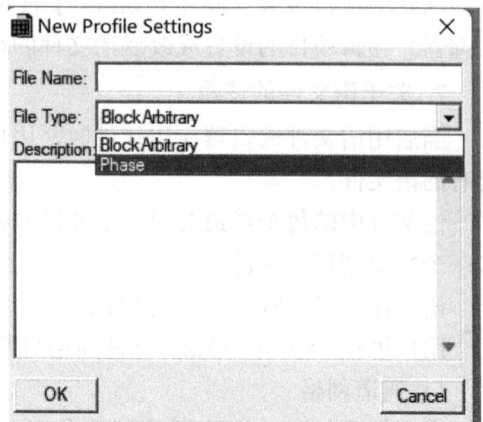

图 5-14　谱文件类型选择

2）相位谱文件

与随机模块谱文件一样，相位谱文件也可控制多通道，每个通道包含一组单个段或者重复段（循环）模块。每个段由相同的波形、速率、循环数与幅值组成。

然而，与随机模块谱文件不同的是，相位谱文件在通道网格的每一行指定相位差。通道中每一行的相位差是参考谱文件相位最低的一行。换句话说，在每一通道的每一行找出最低的相位值，然后，每个通道都以该值作为参考值。每个通道每段的波形、频率与计数都是相同的，在相位谱文件中，通道 1 每一行的数据确定了所有通道的特性。

利用相位谱文件时，用户不用单独指定每个通道的频率与计数，只需要指定第一个通道的参数，然后建立其他通道与第一个通道的相位差关系。

9. 关于谱文件的常数

在图 5-15(a) 所示 Channel Constants（通道常数）窗口中，用户可指定通道网格的某一参数为常数。可选择的常数如下（至少有一个参数为变量）：

Timing（计时）；

Count（计数）；

Shape（波形）

Level 1（端值 1）；

Level 2（端值 2）；

Action（动作）。

用户选择任何为常数的参数将在通道网格查看中被隐藏。比如，选中 Timing（计时）、Count（计数）、Action（动作）三个选项为常数，那么这三个参数在通道网格中就不会显示［图 5-15(b)］。此时，通道网格参数中仅剩下 Shape（波形）、Level 1（端值 1）与 Level 2（端值 2）需要设置。

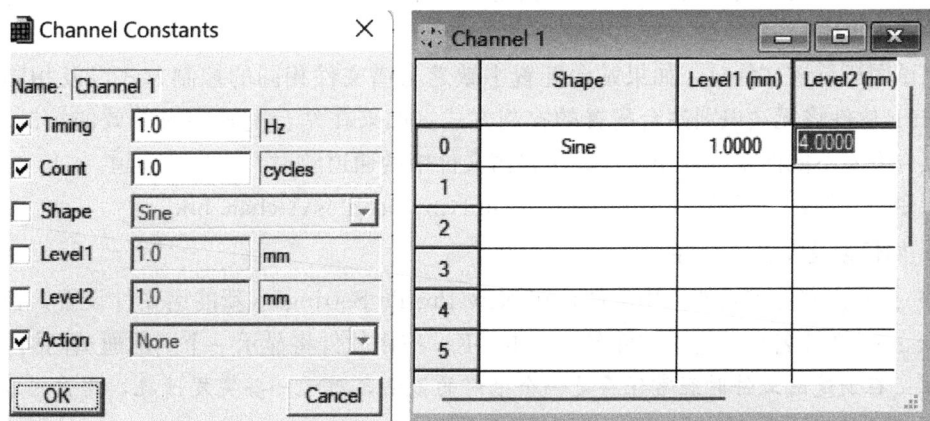

(a) 通道常数   (b) 通道网格参数

图 5-15　通道常数与通道网格参数

二、创建谱文件

1. 如何启动谱文件编辑器

1）从桌面点击 Start（开始）→Programs（程序）→MTS 控制器的名称（例如，"MTS FlexTest 40"）→Applications（应用）→Profile Editor（谱文件编辑器）。

2）启动 Station Manager（站台管理器），点击 Application（应用软件）→Profile Editor（谱文件编辑器），如图 5-16 所示。

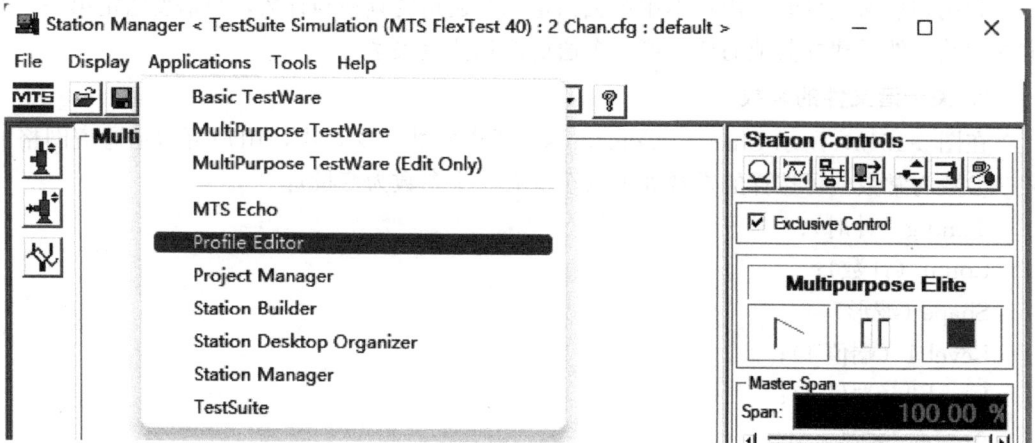

图 5-16　从站台管理器启动谱文件编辑器

2. 关于使用站台配置文件

尽管谱文件编辑器是独立的应用软件，但谱文件中的某些元素必须与站台配置元素相匹配。例如，当用户使用谱文件编辑器指定量纲（载荷、位移等）的端值时，它们必须映射到站台配置中控制/反馈方式的量纲。

当试图运行谱文件时，如果站台配置中缺乏与谱文件相同的控制方式以及相同的量纲，MPE 软件将无法识别站台配置的控制方式。如果在站台配置中有等效的控制方式，而谱文件有着不同的量纲，用户也无法将谱文件中的通道映射到站台的通道。

指令行实例：profedit/Profile "C：\ftiim\my profiles\1 chan. blk"。

3. 如何创建新的谱文件

1）打开谱文件编辑器应用软件，在 New Profile Settings（新的谱文件设置）窗口中 File Name（文件名）处输入文件名，点击 OK，应用软件将显示一个空的通道网格。

注：在创建谱文件时经常保存是一个很好的做法，对于一些突发情况，用户可以节省很多返工的时间。

2）在 Channel（通道）菜单，为谱文件选择 Add（增添）所需要的辅助通道。用户每增加一个通道，谱文件编辑器将显示一个新的通道网格。

3）在 Edit（编辑）菜单，选择 Setup（设置），为每个通道网格定义 Channel Setup（通道设置）。

4）在 Edit（编辑）菜单，选择 Constants（常数），为每个通道网格定义 Channel Constants（通道常数）。

5）在每个通道网格的每个单元，输入通道与行的性质。

6）在 Tools（工具）菜单，选择 Options Editor（选项编辑器），点击 Graphical Preview（图形预览），根据需要进行选择。

7）在 Tools（工具）菜单，选择 Show Graph（显示图形）显示用户的谱文件。

8）在 Tools（工具）菜单，选择 Analyze（分析），应用软件将检查谱文件潜在的错误，并显示结果。

9）通过修改通道网格中的字段来解决任何报告的错误，然后显示并分析谱文件，直到没有错误信息为止。

10）在 File（文件）菜单，选择 Save Profile（保存谱文件）。

4. 如何打开已有的谱文件

1）在 File（文件）菜单，选择 Open Profile（打开谱文件）。

2）在 Open Profile（打开谱文件）窗口，选择已有的谱文件。注意，谱文件是完整的通道网格，而不是空的通道网格。

5. 如何创建 Block Arbitrary（随机模块）谱文件

以下详细介绍创建一个简单的双通道随机模块谱文件的过程。

1）启动谱文件编辑器，出现谱文件编辑器主窗口与 New Profile Settings（新的谱文件设置）窗口。

2）选择谱文件类型并显示通道网格：

①在 File Name（文件名称）框，输入一个谱文件名称；

②选择 Block-Arbitrary（随机模块）作为谱文件的类型；

③如果需要，输入类型描述，点击 OK，出现一个空的通道网格，标签为 Channel 1。

3）增添一个通道：

①在 Channel（通道）菜单，点击 Add（增添），为谱文件增添一个通道；

②出现通道 2 网格。

4）指定性质。

5）指定常数。

6）输入谱文件通道数据：

①在每一个通道的网格输入谱文件数据，从左侧栏的第一个单元格开始，输入每个值；

②按下 Tab 键，移动到下一个单元格。

注：用户在单元格中输入一个值时，只有按下 Enter 键或 Tab 键之后才生效；或点击另一个单元格，也可让输入的数值生效。

7）Preview（预览）谱文件。

8）Analyze（分析）谱文件。

6. 如何创建相位类型的谱文件

以下详细介绍创建一个双通道 Phase-type（相位类型）谱文件的过程（仅适用于多通

道系统）。用户可以：选择通道性质与常数；通过在通道网格中输入数值，定义通道的端值。使用 Show Graph（显示图形）功能，查看谱文件的图形。

1）启动谱文件编辑器。

2）为谱文件命名，显示通道网格：

①在 File Name（文件名）框中，为谱文件输入一个名称；

②点击 Phase-type（相位-类型）作为文件的类型；

③如果需要，输入类型描述，点击 OK，出现一个空的通道网格，标签为 Channel 1。

注：Phase-type（相位-类型）谱文件在通道网格中包含一栏 Phase Lag（相位滞后）。

3）增添一个通道

①在 Channel（通道）菜单，点击 Add（增添），为谱文件增添一个通道。

②出现通道 2 网格。

4）指定性质。

5）指定常数。

6）输入谱文件通道数据：

①在每一个通道的网格为每一个通道输入谱文件数据，从左侧栏的第一个单元格开始，输入每个值。

②按下 Tab 键，移动到下一个单元格。

注：当用户在单元格中输入一个值时，只有在按下 Enter 键或 Tab 键之后才生效；或点击另一单元格，也可让输入的数值生效。

7）Preview（预览）谱文件。

8）Analyze（分析）谱文件。

7. 如何指定谱文件的性质

1）点击 Channel 1（通道 1），在通道网格中将聚焦通道 1。

2）在 Edit（编辑）菜单，选择 Setup（设置）。

3）完成 Channel Setup（通道设置）窗口的设置。用户在此处选择的性质，将显示在通道网格的标题栏中。

4）当用户完成设置后，点击 OK。

5）重复上述过程添加其他通道。

8. 如何指定谱文件的常数

1）点击 Channel 1（通道 1），在通道网格中将聚焦通道 1。

2）在 Edit（编辑）菜单，选择通道 1 的网格为常数。

3）选择想要的性质。

4）完成之后点击 OK。

5）对其他所有通道重复步骤 1)～3)。

注：至少有一个属性需要保留为变量。

9. 如何定义动作

1）定义动作

①在 Edit（编辑）菜单，选择 Actions（动作）。

②在 Actions（动作）窗口，为谱文件增添所需动作或计数器。用户可输入预定义动作的名称，名称可由用户定义，也可是系统自带的，例如，在 Station Manager Event-Action Editor Action Lists（站台管理器事件-动作编辑列表）中所显示的名称。确认输入准确的动作名称，并用分隔符标记每个字段（例如，<Digital Output 1>）。这些动作字段不用区分大小写。

用户也可为动作窗口的动作列表增添"通用"动作标识（例如，<Action1>）。这些动作必须映射到用户定义的动作或 MPE 系统谱文件过程中系统的动作。

③关闭 Actions（动作）窗口。

2）单行赋值

动作可以指定谱文件通道网格的单行或多行为常数：

①在 Profile Editor Edit（谱文件编辑器编辑）菜单，选择常数。

②去掉 Action（动作）勾选项，并为通道网格的每一行进行动作设定。

在动作窗口，从先前指定的动作或计数器中选择；用户也可不选择，让单元留空。在谱文件中相应的行指令完成之后，将触发动作。

当过程程序运行时，在谱文件相应的行运行之后，MPE 控制板上显示的计数器增加一次计数。

3）指定常数

指定为常数的动作（或计数器），在通道网格每一行之后被触发。

①在谱文件编辑器编辑菜单，选择常数。

②确认勾选 Action（动作），对于通道网格所有行指定一个动作为常数。

③选择所需的动作（或计数器）作为常数。

10. 如何分析谱文件

1）在 Tools（工具）菜单，选择 Analyze（分析）。

2）谱文件编辑器应用软件将检查谱文件，发现在通道数据中的平台点；如果有任何的平台点，将出现提示信息。

三、设计注意事项

1. 谱文件设计注意事项

1）选择的资源：站台管理器应用软件与 MPE 软件的配置文件，必须与谱文件的配置相匹配。

2）选择的量纲：使用标准的工程量纲，用户需要确保谱文件的量纲与站台配置的控制方式量纲之一相匹配。如使用归一化量纲，用户可选择站台配置中任何可用的控制方式。

MPE Profile Command（谱文件指令）与带有 ALC Profile（任意端值补偿的谱文件）支持两种类型的谱文件，即 Block-Arbitrary（随机模块）谱文件与 Phase（相位）谱文件。

用户可以使用以下工具创建一个谱文件：

● 文本编辑器；

● 电子表格应用程序；

● MTS 793. 11 Profile Editor（谱文件编辑器）应用软件。

2. 通用谱文件语句要求

如果使用谱文件编辑器应用软件创建一个谱文件，谱文件的句法由谱文件编辑器自动管理。

如果用户使用电子表格或者文本编辑器创建谱文件，在开始试验前需满足如下的语句要求：

1）谱文件的扩展名是. blk，这是 MPE 软件默认的识别格式。

2）当使用文本编辑器时，用户必须用空格或者 Tab 键分开谱文件的字段。

3）每行之间的空行可以提高文件的可读性。

4）谱文件必须以标题数据定义开头，然后是通道与指令数据的定义（标题数据，通道 1 数据，通道 1 指令数据，通道 2 数据，通道 2 指令数据，等等）。

5）关键字不区分大小写。

6）在关键字与等号（＝）之间不要留有空格，然而，可在等号之后插入空格以提高可读性。

7）仅使用标题关键字（FileType、Date 等）一次。

8）对于每一个通道的定义，仅使用通道关键词一次（端值、频率等）。

3. 标题数据语句

以下为带有标题数据语句的实例：

FileType＝Block-Arbitrary

Date＝Fri Aug 12 07：55：44 2021

Description＝this is a sample test profile（描述＝这是一个谱文件试验实例）

ActionList＝<DO 1 on>，<DO 1 off>，counter1，"counter 2"

Channels＝1

对于标题数据语句各项参数的具体说明见表 5-8。

标题数据语句说明　　　　　　　　　　表 5-8

关键字	建议	评述
FileType 谱文件类型	随机模块或相位	需要的字段为必选
Date 日期	上次修改的日期与时间	这个可选字段可是任何形式(可以省略)
Description 描述	用户定义的文件描述	这个可选字段在一行中可是任何形式(不需要引号)(可以省略)
ActionList 动作列表	见动作与计数器语句	如果谱文件中有动作与计数器相关的要求,则应用此可选字段(可以省略)
Channels 通道	谱文件中的通道数	对于谱文件中的每一通道,该字段是必选的,后面是每个通道与通道数据定义

4. 动作与计数器语句

当为谱文件增添动作与计数器时，应遵循如下语句要求：

1）动作与计数器由关键词动作定义，此属性可能是常数或者一列数值。

2）如果字符串包含嵌入的空格，那么计数器名称必须用引号括起来（" "）。如果名称只是一个单词，那么引号就没有必要。

3）动作名称必须用左尖括号（＜）与右尖括号（＞）分隔开。谱文件过程程序使用这些分隔符区分事件动作与计数器。如果分隔符丢失了，这些字符将被认为是新的计数器。如果分隔符用于计数器，过程程序将认为该名称为事件动作。尽管这些语句错误不会产生错误提示，但会带来不可预见的结果。

4）如果定义任何动作，关键词"ActionList＝"必须位于文件头，必须包含谱文件中定义的所有动作名称；计数器名称是可选的，这些名称必须用逗号分开，其列表没有空格且字符不超过 256 个。

以下为具有计数器与动作的实例：

FileType＝Block-Arbitrary Date＝Wed _ Jul 05 21：11：32 ActionList＝＜DO on＞，＜DO off＞，"Counter 1"，Counter2 Channels＝1

Channel（1）＝Channel 1 Frequency＝1 Hz Count＝1 Segments Shape＝Sine Level2＝0.0mm

Level1 Action mm 5.0000 ＜DO Off＞ −5.0000 "Counter 1" 8.0000 −8.0000 2.000 Counter2 −2.000 5.0000 −5.0000 1.0000 −1.0000 ＜DO On＞

5. 通道标题句法

在标题数据定义之后，用户必须定义第一个控制通道；在通道定义之后，必须为通道定义通道数据。

以下为通道标题句法的实例：

Channel（n）＝channel name（通道名称）

Max＝maximum value and units（最大值与单位）

Min＝minimum value and units（最小值与单位）。

对于通道标题语句各项参数的具体说明见表 5-9。

通道标题语句说明　　　　　　　　　　　　　　　表 5-9

关键字	建议	评述
Channel(n) 通道(n)	命名通道，n 是通道数	这是必填项，是第一位的，通道名称不用区分大小写
Max 最大	利用谱文件编辑器放置到文件中，在文件概况中显示；用于确定控制通道合适的范围	这是定义通道输出最大值的可选字段，可以省略
Min 最小	见"Max"语句	这是定义通道输出最小值的可选字段，可以省略
Dimension 量纲	利用谱文件编辑器放置到文件中，确定给定单元的量纲	这是一个可选推荐的字段，可以省略

6. 通道数据句法

1）通道数据句法概述

在通道定义之后，用户必须定义通道的指令数据。通道数据的属性有两种输入方式：

常数或单个数值。在每个参数列表之前声明常数，要求等号（＝）附加到关键字的末尾，关键字可以定义为一个常数。

表 5-10 为一个关键字定义为常数（波形＝正弦）的指令语句实例；表 5-11 为通道数据语句各项参数的具体说明。

通道数据语句实例（波形为正弦）　　表 5-10

频率(Hz)	计数(周次)	端值 1(mm)	端值 2(mm)
10	100	5	—5
5	150	10	0
1	0.5	0	0

通道数据句法　　表 5-11

关键字	建议	评述
Frequency，Time，or Rate 频率、时间或速率	不确定	该字段是必选的，三个中只需指定一个即可
Count 计数	大于 0	该可选字段指定重复次数，单位是段与循环数，数值必须大于 0；如省略该选项，指令运行 1 次
Shape 波形	方波、斜波、正弦、真正弦、渐近方波、渐近斜波、渐近正弦或渐近真正弦	该字段可选，当没有指定为常数时，每段可有不同的波形，默认为正弦
Level1 端值 1	不确定	该字段是必选的
Level2 端值 2	不确定	计数超过一个段时，该字段需要
Phase Lag 相位差	0～360°	该可选字段为相位文件指定相位差，默认为 0

2）速率类型

一个数据类型决定着波形的时基，支持以下三种类型速率表达的关键字：

Frequency 频率（Hz，cps）；

Time 时间（毫秒，秒，分钟等）；

Rate 速率（以单位时间计，例如，kips/sec）。

如一个常数类型的时间 Time＝2.5s，即为每一行段指定 2.5s 的时间。当指定为常数时，相关的栏（Frequency/Rate/Time）（频率/速率/时间）是不允许输入的；一个变量类型的速率，确定一列的速率类型，其中每一行可以有不同的时基。

3）计数

计数是重复一个循环波形的指定次数，COUNT（计数）关键字是重复段或循环：

①1 cycle（循环）＝2（个段）；

②0.5 个循环等于 1 个段；

③重复 1 个段的偶数次是终止 Level 2（端值 2）；

④重复 1 个段的奇数次是终止 Level 1（端值 1）。

计数可以设置为常数，如 COUNT（计数）＝1 SEGMENTS（段），即运行端值 1 参数 1 次。在这种情况下，端值 2 是不起作用的。

注：真正弦波形总是起始并结束于平均值。

4）波形

波形定义如何从当前的端值到下一个端值。在通道开始阶段，波形关键字定义波形为常数（Shape＝Ramp 波形＝斜波）。

5）端值数据

端值数据定义每一行的端值。文件要求每一行包括一个 Level 1（端值 1）；如果包含 Level 2（端值 2）的数值，指定为多个段的循环。循环运行是从当前数值到端值 1，然后是端值 2。

注：每一行的第一段总是过渡段，是从上一行的终值到本行的端值 1。在序列程序开始阶段，是从当前值过渡到第 0 行的端值 1 的数值。

6）相位差

相位类型的谱文件与随机模块的谱文件类似，只是通道之间存在着相位差。当使用相位差时，需要满足如下要求：

①对于所有的相位差通道，波形、速率与计数是相同的，必须在第一个通道定义。

②通道的相位差是与其他通道比较，高相位值落后于低相位值。

7. 谱文件实例与图形预览

1）随机模块谱文件实例

Header data
FileType＝Block-Arbitrary
Date＝10-Dec-2021
Description＝Two Channel Test
Channels＝2

Channel 1 header
Channel（1）＝Right Front
Frequency＝1 Hz
Shape＝TrueSine
Channel 1 data

Level1 in	Level2 in	Count segments
5	－5	10
10	－10	20

Channel 2 header
Channel（2）＝Left Front
Frequency＝2Hz
Shape＝Ramp

Channel 2 data

Level1	Level2	Count
lbf	lbf	segments
5000	−5000	15
10000	−10000	20
20000	−200	20

以上随机模块谱文件的图形预览如图 5-17 所示。

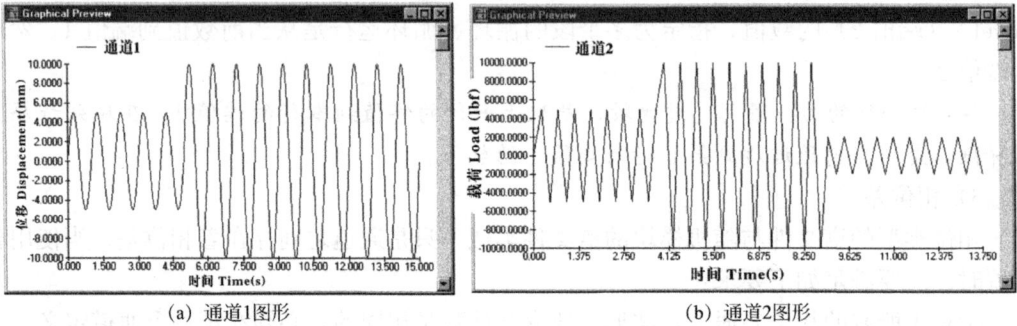

(a) 通道1图形   (b) 通道2图形

图 5-17 随机模块谱文件图形预览

2）相位谱文件实例

Header data

FileType＝Phase

Date＝10-Dec-2020

Channels＝2

Channel 1 header

Channel（1）＝Left Front

Frequency＝1Hz

Shape＝Sine

PhaseLag＝0 deg

Channel 1 data

Count	Level1	Level2
segments	mm	mm
4	5	−5
4	8	−8
4	5	−5
3	2	−2

Channel 2 header

Channel（2）＝Right Front

Channel 2 data

Level1	Level2	PhaseLag
mm	mm	Deg
2	—2	0
5	—5	90
2	—2	180
8	—8	90

以上相位谱文件的图形预览如图 5-18 所示，可以看出，与通道 1 相比，通道 2 在运行的后段存在相位差。

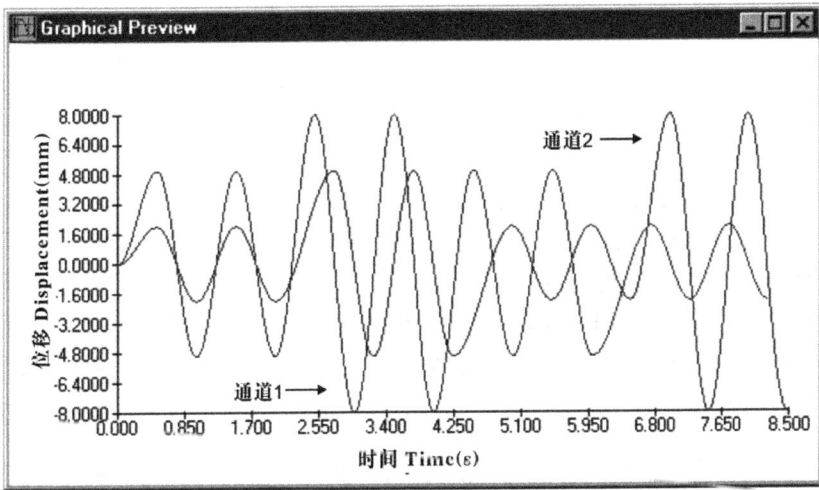

图 5-18　相位谱文件图形预览

8. 关于循环与段的特性

1）循环特性

一行第一个循环是从当前值运动到端值 1 数值，然后到端值 2；随后的循环是从端值 2 到端值 1，再返回端值 2。如果一行有 0.5 的循环计数，循环只是从当前值运动到端值 1（图 5-19）。

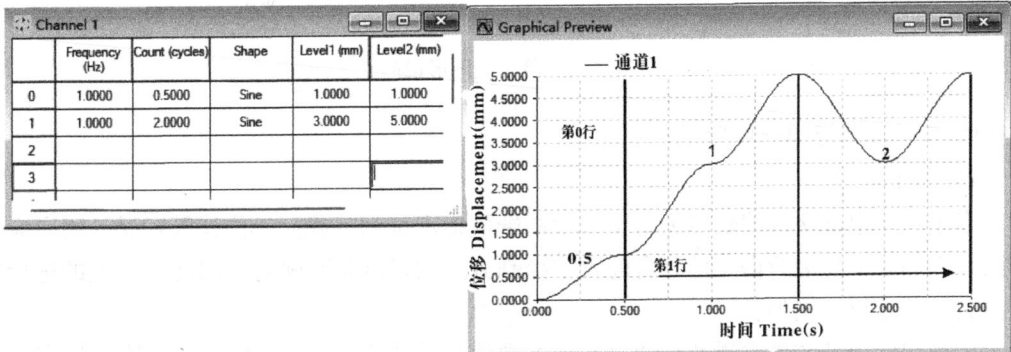

图 5-19　谱文件循环特性

2）段的特性

一行第一段是从当前值运动到端值 1，行中的后续段从一个级别运动到下一个级别（图 5-20）。

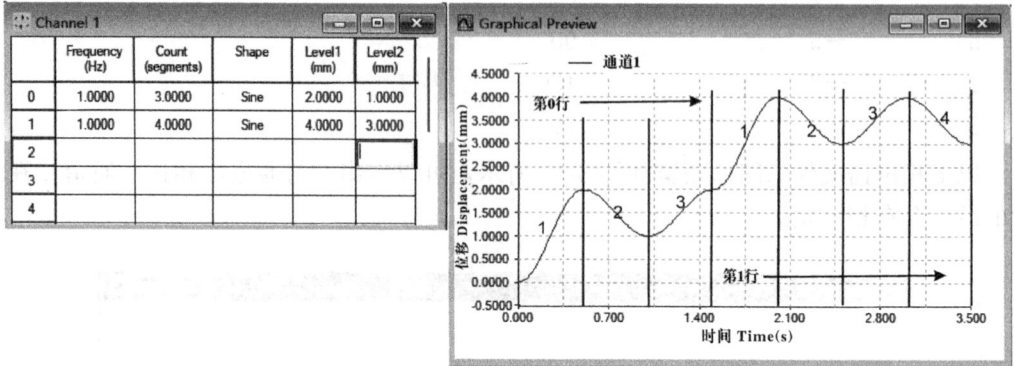

图 5-20　段的特性

3）使用 1 段计数段的性质

每一行第一段总是过渡段，即从前一行终值到当前行端值 1 的过渡。因此，如果用户指定 1 段的计数，端值 2 的数据是不起作用的。

图 5-21 所示为段计次图形说明，可以看出，当计数为 1 段时，由于每行中的第一个段是从一行到下一行的过渡，端值 2 的数值是可忽略的。因为只有 1 段被指定到每一行，该段用于各行之间的过渡。

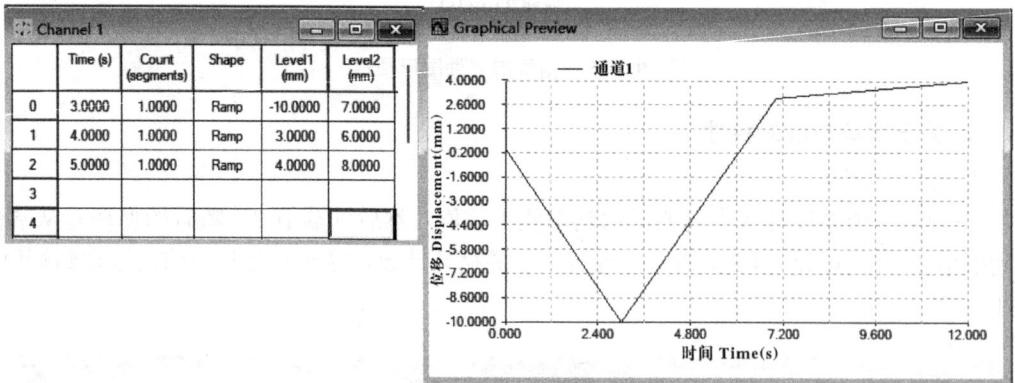

图 5-21　段计次图形说明

9. 关于量纲与归一化量纲

1）关于量纲

当用户使用谱文件编辑器为谱文件中的端值指定量纲（载荷、位移等）时，用户应当知道，它们必须与运行谱文件站台配置中控制方式的量纲相互映射。因此，量纲的选择影响谱文件的运行，例如：

①用户使用谱文件编辑器，通过输入的端值创建指令文件（谱文件），该数值在谱文件运行控制作动缸的动作。为保证端值的有效性，用户必须指定量纲与单位类别（例如，

位移与厘米）。

②用户使用 MPE 应用软件运行谱文件编辑器创建的谱文件。当用户打开 MPE 软件时，它继承着站台的资源配置，包括控制方式与量纲的选择，这是用 Station Builder（站台创建器）应用程序定义的。

③用户使用 Profile Command（谱文件指令）输入谱文件时，谱文件中逻辑通道将被映射到站台配置的物理通道。

注：MPE 应用软件不要求谱文件通道的名称与站台通道的名称一致，用户可随意映射谱文件通道到任何站台通道，也可把一个谱文件通道映射到多个站台通道。

用户可使用谱文件指令选择谱文件通道的控制方式。为了让它起作用（如果用于定义谱文件端值的量纲是标准的工程量纲，例如载荷或长度），量纲必须匹配现有站台配置控制方式之一的量纲。

2）关于使用归一化量纲

如果用户创建一个使用归一化量纲的谱文件，如比率、百分数、无量纲或电压等，当为谱文件通道选择控制方式时，用户可选择站台配置中任何可用的控制方式。即在 Mapping（映射）选项控制方式列表中，通过选择一个控制方式与其工程量纲，以及单位类型与乘数因子数值，MPE 将谱文件中的所有端值转换为相应的命令级别。定义归一化的量纲满量程数值说明见表 5-12。

归一化量纲满量程数值

表 5-12

量纲	满量程数值
Ratio 比率	1︰1
Percentage 百分数	100%
Unitless 无量纲	1.0
Volts 伏特	10V

3）关于使用归一化量纲定义控制方式

在端值单位的列表中，选择科学计数可能影响结果的整体性，以及导致原始端值数据的丢失。谱文件编辑器仅能显示小数点左侧 5 位有效数字与小数点右侧 4 位有效数字。如果选择移动小数点位置超过 4 位，原始数值会丢失。

如果用户在 Level Units（端值单位）列表中点击 unity（统一），每个端值（Level 1，Level 2）的小数点位置移动，100% 显示为 1.0。但这只影响显示，并不影响随后的指令数值。

在 Dimension（量纲）列表中选择无单位量纲，如果用户点击 Unitless（无单位），Level Units（端值单位）默认情况下显示是"无"，这意味着 1 等于满量程数值。例如，如果谱文件 Level1（端值 1）等于 2，Level Multiplier（端值系数）等于 4cm，那么对于Level1（端值 1）的指令等于 8cm。

此外，Level Units（端值单位）列表提供了 4 种无单位量纲的科学计数显示：e−03、e−06、e+03、e+06。

这些选择不影响 MPE 应用软件运行谱文件的指令水平，它们只是通过移动小数点的位置改变了数值的显示，科学计数值决定小数点移动多少。

例如，假设谱文件 Level 1（端值 1）等于 10000，同时 Level Units（端值单位）选择"无"，Level Multiplier（端值系数）等于 3mm。在这种情况下，Level 1 的指令数值等于 30000mm。如果用户更改 Level Units（端值单位）为 e+03，Level 1 数值将显示为 30，但指令数值仍然是 30000mm。

四、谱文件控制与显示

1. 关于谱文件主窗口

当启动 Profile Editor（谱文件编辑器）后，点击 File（文件）中的 New Profile Settings（新谱文件设置），将出现图 5-22 所示谱文件编辑器的主窗口，其中各项参数说明见表 5-13。

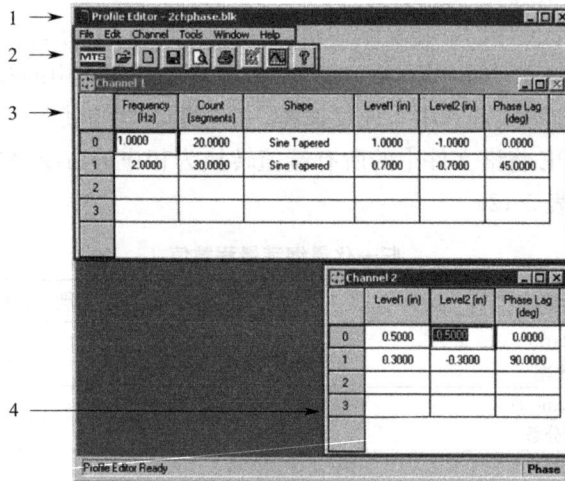

图 5-22　谱文件编辑器主窗口

谱文件编辑器窗口参数说明　　　　　　　　　　　　　　　　　表 5-13

图 5-22 中的编号	描　述
1	菜单栏
2	工具栏
3	通道网格
4	相位通道网格实例

2. 谱文件编辑器工具栏

图 5-23 所示为谱文件编辑器工具栏，工具栏按钮提供了对常用命令和窗口的快速访问。表 5-14 给出了对谱文件编辑器工具栏各选项的说明。

谱文件编辑器工具栏说明　　　　　　　　　　　　　　　　　表 5-14

图 5-23 中的编号	项目	描　述
1	Open Profile 打开谱文件	显示打开谱文件窗口（默认的目录），可使用项目管理软件查找谱文件

图 5-23 中的编号	项目	描　述
2	New Profile 新的谱文件	创建一个新的谱文件
3	Save Profile 保存谱文件	保存当前的谱文件
4	Print Preview 打印预览	显示打印预览窗口
5	Print Profile 打印谱文件	打印当前谱文件
6	Options Editor 选项编辑器	显示选项编辑器窗口
7	Show Graph 显示图形	显示当前谱文件图形预览
8	Help 帮助	显示在线帮助

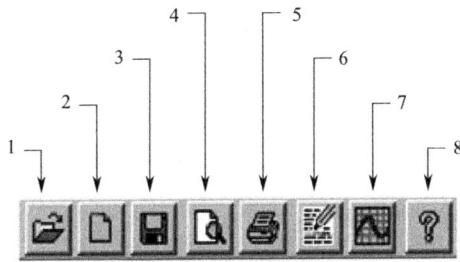

图 5-23　谱文件编辑器工具栏

3. 谱文件编辑器文件菜单

对于谱文件编辑器文件菜单的具体说明见表 5-15。

谱文件编辑器文件菜单　　　　　　　　　　　　　　　　　　表 5-15

项目	描　述
New Profile 新的谱文件	显示新的谱文件窗口
Open Profile 打开谱文件	显示打开谱文件窗口，即让用户打开已有的谱文件
Save Profile 保存谱文件	保存当前谱文件，如果是第一次存储，Save Profile As(谱文件另存为) 窗口出现，可命名谱文件并指定存储路径
Save Profile As Display 显示谱文件另存为	谱文件另存窗口出现
Print 打印	打印当前谱文件
Print Preview 打印预览	显示打印预览窗口

续表

项目	描　　述
Print Graph 打印图形	打印当前谱文件图形的预览
Printer Setup 打印设置	显示打印设置窗口(注：该窗口随着打印驱动而不同)
Summary 概况	显示谱文件概况窗口
Exit 退出	退出谱文件编辑器软件

4. 新的谱文件设置窗口

在谱文件编辑器中，点击 File（文件）→New Profile（新的谱文件）。在创建新的谱文件并为谱文件命名后，需指定文件类型。相关信息可通过 Profile Summary（谱文件概况）窗口查看，新的谱文件设置参数见表 5-16。

新的谱文件设置参数　　　　　　　　　　　　表 5-16

项目	描　　述
File Name 文件名称	为谱文件命名
File Type 文件类型	指定谱文件类型：Block-Arbitrary(随机模块)或 Phase(相位)类型。相位谱文件与随机模块谱文件类似，只是相位谱文件各行之间的通道数据可能存在相位差
Description 描述	显示输入的任何描述

5. 通道网格显示

使用通道网格输入通道数值，并选择其性质。用户可编辑、移动、剪切、粘贴单元格的数值，插入或删除一行的数据。谱文件的类型可以是随机模块或相位两种，其类型决定着文件格式与每一行的性质。

用户可在 Actions（动作）窗口，选择先前指定的动作与计数器。

如果定义一个性质为常数，其相关的列不会在表格中显示，用户可在 Channel Constants（通道常数）窗口定义常数，在 Channel Setup（通道设置）窗口更改每一列的单位。

注：如果用户输入一个数值，导致谱文件出现平台或者不连续数据点，当用户在 Tools（工具）菜单中选择 Analyze（分析）时，会出现警告提示。

有关谱文件通道网格参数的说明见表 5-17。

通道网格参数说明　　　　　　　　　　　　表 5-17

项目	描　　述
Frequency /Time/Rate 频率/时间/速率	指定在每一段或者每一循环之间的时间间隔，可以是频率(Hz)、时间(s)或速率；速率对于相位的谱文件是不适用的

项目	描 述
Count 计数	指定在每一行的循环或段的次数
Shape 波形	指定作动缸在端值之间的运行方式: Square(方波)——端值 L1 与 L2 之间是方波; Ramp(斜波)——端值 L1 与 L2 之间是三角波; Sine(正弦波)——端值 L1 与 L2 之间是正弦波; Square Tapered(渐近方波)——起始阶段,在端值 L1 与 L2 幅值是从 0~100% 逐渐增大的方波,而结束阶段方波幅值是从 100%~0 渐近的结束; Ramp Tapered(渐近斜波)——起始阶段,在端值 L1 与 L2 之间幅值是从 0~100% 逐渐增大的三角波,而结束阶段三角波幅值是从 100%~0 渐近结束; Sine Tapered(渐近正弦波)——起始阶段,在端值 L1 与 L2 之间幅值是从 0~100% 逐渐增大的正弦波,而结束阶段正弦波幅值是从 100%~0 渐近结束; True Sine Tapered(渐近真正弦波)——正弦波是从幅值的平均值开始,起始阶段,在端值 L1 与 L2 之间幅值是从 0~100% 逐渐增大的正弦波,而结束阶段正弦波是从 100%~0 渐近结束,并返回到平均值
Level1（L1） 端值(L1) Level2（L2） 端值(L2)	对于一行的第一段,端值 1 为指定作动器的第一个目标,随后段的运行是从一个端值到另一个端值。 以奇数段计数的行,总是结束在端值 1;以偶数段计数的行,总是结束在端值 2。 对于一行的第一个循环,端值 1 指定这个循环的中点,作动缸继续运动到端值 2 完成这个循环,随后的循环是从端值 2 到端值 1,再返回到端值 2(真正弦继续返回到平均值)。 如果一行的计数是 0.5 个循环,这个循环开始当前值运行到端值 1,完整循环的行总是结束在端值 2,而半数循环的行(0.5, 3.5, 等)总是结束在端值 1
Action（Optional） 动作(可选)	在以下动作选择窗口中,从先前定义的动作或计数做选择;在谱文件中相应的行结束后,动作被触发
PhaseLag 相位差 (仅适用于多通道系统)	确定附属通道与主通道的相位差,即相对于主通道的输入值。例如,主通道有相位值 10°,附属通道相位值为 45°,则两个通道的相位差为 35°

图 5-24 所示为相位谱文件及图形预览,图中通道 2 波形是通道 1 的附属波形,其相位根据通道 2 谱文件的数值而变化。

6. 段的形状

1) 常规波形

下文的几个实例将使用如下参数:

Frequency（频率 Hz）: 1;

Count（计数,段）: 6;

Level 1（端值 1, mm）: 2;

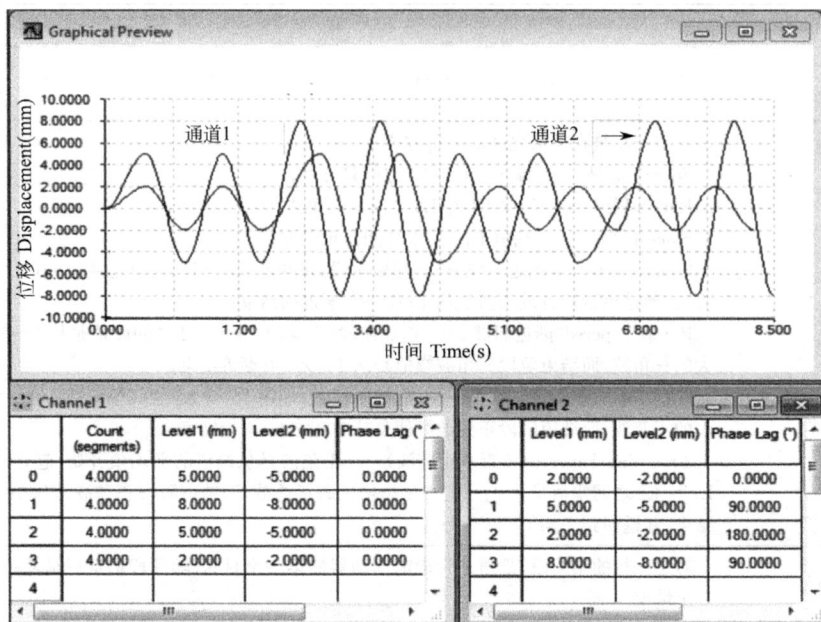

图 5-24　相位谱文件与图形预览

Level 2（端值 2，mm）：4；

起始点：0.0。

图 5-25 所示为方波波形，图 5-26 所示为斜波波形，图 5-27 所示为正弦波形。

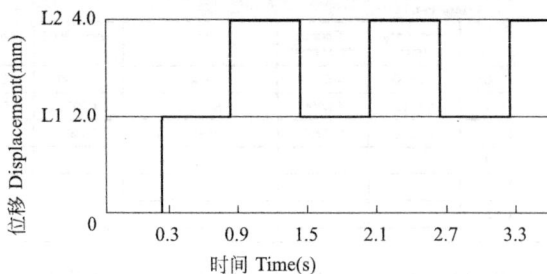

图 5-25　方波波形

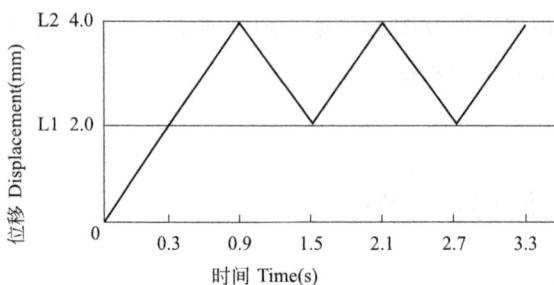

图 5-26　斜波波形

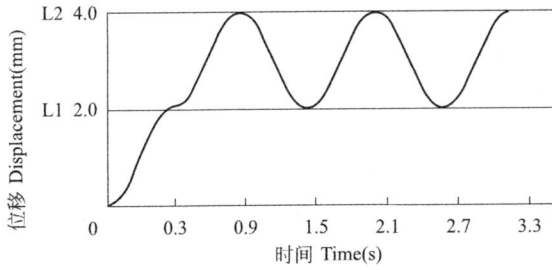

图 5-27　正弦波形

2）锥形波

运行谱文件之前，在图 5-28 所示 Station Manager's Channel Options（站台管理器通道选项）窗口的 Command Options（指令选项）中，用户需定义渐近波形（锥形波）开始与结束的时间。

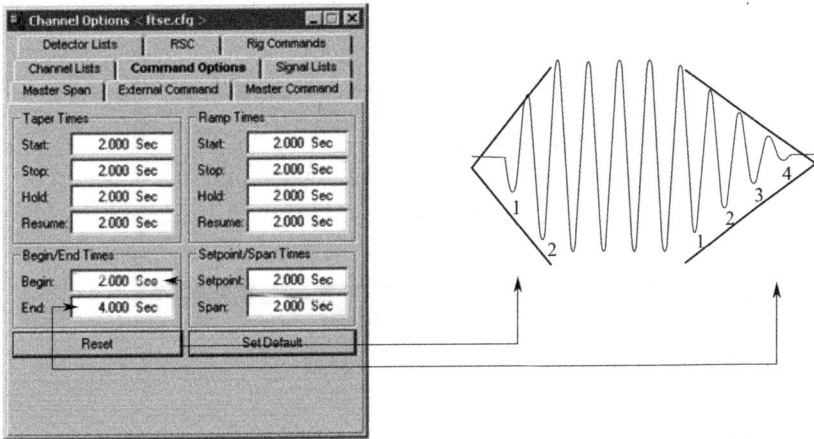

图 5-28　定义锥形波的渐近时间

图 5-29 所示为锥形方波，在起始阶段，方波幅值从 0～100% 逐渐增大，而结束阶段方波幅值是从 100%～0 渐近结束。

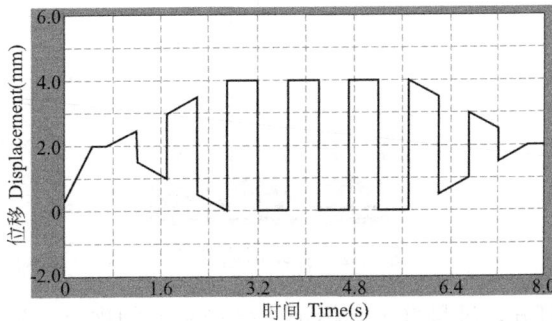

图 5-29　锥形方波

图 5-30 所示为锥形斜波，在起始阶段，斜波幅值是从 0～100% 逐渐增大，而结束阶

段斜波幅值是从 100%～0 渐近结束。

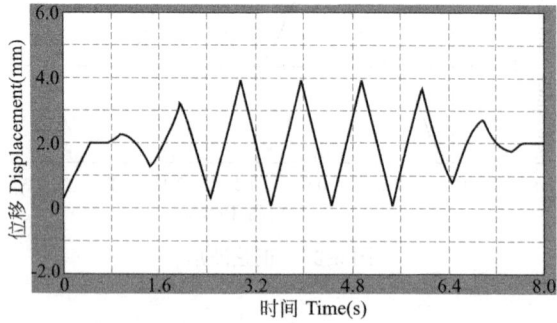

图 5-30　锥形斜波

图 5-31 所示为锥形正弦波，在起始阶段，正弦波幅值是从 0～100%逐渐增大，而结束阶段正弦波幅值是从 100%～0 渐近结束。

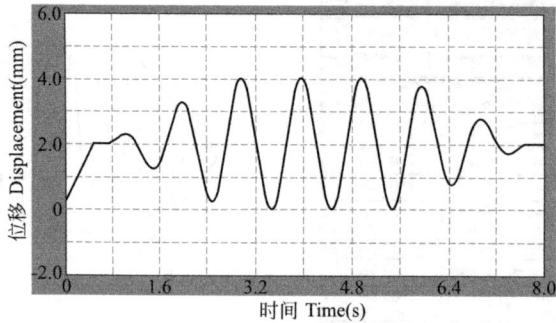

图 5-31　锥形正弦波

7. 打印预览窗口

点击 Toolbar（工具栏）→Print Preview（打印预览）。

该窗口在屏幕上显示谱文件打印的预览。如图 5-32 所示，打印预览工具栏有助于访问和显示谱文件的更改。

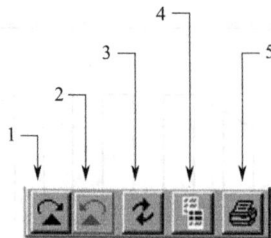

图 5-32　打印预览工具栏

由于谱文件已经打开，星号（＊）标记为已经更改的项目。另外，在 Print Preview（打印预览）选择 Enable Change Highlighting（启动更改突出显示）。有关打印预览工具栏的说明见表 5-18。

打印预览工具栏说明   表 5-18

插图 5-32 中的编号	项目	描 述
1	Next Change 下一个更改	从打印预览窗口到下一个更改
2	Previous Change 前一个更改	从打印预览窗口到上一个更改
3	Refresh 刷新	在没有关闭与重新打开打印预览窗口时,用户可看到当前谱文件的更改,突出显示当前的更改
4	Enable/Disable Change Highlighting 启用/禁用更改突出显示	启用或禁用谱文件更改的突出显示
5	Print 打印	打印谱文件

8. 谱文件概况窗口

在谱文件编辑器中点击 File（文件）→Profile Summary（谱文件概况），出现图 5-33 所示谱文件概况窗口。

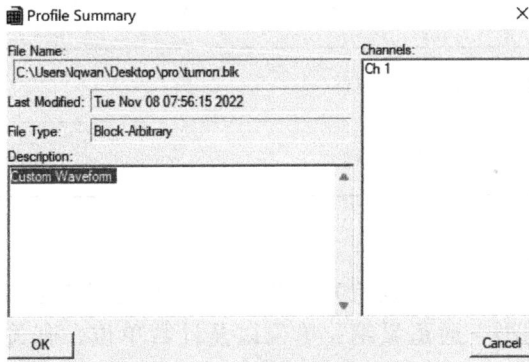

图 5-33　谱文件概况

在谱文件概况窗口查看当前谱文件的信息，并编辑谱文件的描述。该窗口信息是在新的谱文件设置窗口输入的，有关谱文件概况的说明见表 5-19。

谱文件概况说明   表 5-19

项目	描 述
File Name 文件名	显示谱文件的名称
Last Modified 上次更改	显示上次更改的日期
File Type 文件类型	指定谱文件的类型（相位或随机模块）
Description 描述	显示任何输入的描述
Channels 通道	列出谱文件相关的通道名称

9. 编辑菜单

使用编辑菜单，用户可定义每个通道的特性，包括定义常数与通道的单位，增加/删除动作或计数器。用户可以剪切、复制、粘贴、删除通道网格的单元，也可插入新的单元格。有关谱文件编辑菜单的说明见表5-20。

谱文件编辑菜单说明 　　　　　　　　　　　　　　　　　　　　　　　　表 5-20

项目	描 述
Setup 设置	显示通道设置窗口
Constants 常数	显示通道常数窗口
Action 动作	显示动作窗口
Cut 剪切	选定移动的单元格或行(单个或多行)的信息存储到内存中
Copy 复制	将选定的单元格或行(单行或多行)的信息存储到内存中
Paste 粘贴	将存储在内存中的信息写入选定的单元格或行(单个或多行)
Insert Rows 插入行	在选中的行上面创建一行
Delete Rows 删除行	在通道中删除一行或多行

10. 通道设置窗口

点击 Edit（编辑）→Setup（设置）选项，出现通道设置窗口，可设置如下参数：通道命名、指定计时类型、通道量纲、单位以及计数单位。有关通道设置的参数说明见表5-21。

注：默认的单位集合，是在站台管理器中站台选项的单位选项卡上进行选择，或者使用项目管理软件设置。

通道设置窗口的参数说明 　　　　　　　　　　　　　　　　　　　　　　表 5-21

项目	描 述
Name 名称	通道命名,在框中输入(最多30个字符)
Timing 计时	指定时间显示属性,用户可选择如下方式之一: ● 频率(Hz); ● 时间(s); ● 速率(端值单位/s)(仅适用于随机谱文件)
Dimension 量纲	显示端值的量纲,例如: ● Force(力); ● Length(长度); ● Temperature(温度); ● Volume(体积)。

续表

项目	描　述
Dimension 量纲	量纲定义了端值指令的控制方式,如果选择力值的量纲,那么端值指令为载荷的控制方式。归一化的量纲包括: ● Percent(百分数); ● Unitless(无单位); ● Volts(电压); ● Ratio(比率)。 归一化的量纲不与特定的控制方式相关联,不用指定工程单位;当用户选择归一化量纲时,意味着已在 MPE 应用程序中定义谱文件参数时,定义了端值指令的量纲和单位
Level Units 端值单位	选择的量纲单位显示: ● in(英寸); ● lbf(磅); ● kN; ● ℃
Count Units 计数单位	指定循环周次或段作为循环单位,1 个循环周次等于 2 个段
Cycles 循环周次	每行的第一个循环是从当前值开始,运行到端值 1,然后运行到端值 2;随后的完整循环是从端值 2 到端值 1,再返回到端值 2。如果一个循环的计数是 0.5,那么这个循环开始于当前值,结束于端值 1。 ● 完整循环计数的行总是结束在端值 2; ● 半个循环计数的行(0.5,3.5,等)总是结束在端值 1
Segments 段	每行的第一段是从当前值运行到端值 1,随后的段是从当前值到下个端值。 ● 奇数段计数的行总是结束在端值 1; ● 偶数段计数的行总是结束在端值 2

11. 通道常数窗口

在谱文件编辑器中点击 Edit（编辑）→Constants（常数）后，出现通道常数窗口。

使用通道常数窗口可定义参数为常数。当用户选择参数为常数时，可以为该参数分配一个特性，该特性适用于通道中所有行对应的参数。当用户指定一个常数时，其相应的列会从通道网格中移除；而没有被指定为常数的参数，必须在通道网格中每一行进行参数定义。

1）多数情况下，用户应该在完成通道常数窗口之前完成通道设置窗口：命名通道并为每个谱文件的属性指定单位。

2）至少保留一个通道属性为变量，应用软件不允许所有的通道属性都是常数。

有关通道常数窗口的参数说明见表 5-22。

通道常数窗口参数说明　　　　　　　　表 5-22

项目	描　述
Timing 计时	为每个端值的执行定义一个恒定的时间基准。根据通道设置的选择,可以是速率、频率或时间
Count 计数	在进入下一个谱文件的字段之前,指定在端值 1 与 2 之间运行的次数
Shape 波形	指定谱文件所有单元的波形

续表

项目	描　　述
Level1 端值 1	定义的端值 1 为常数
Level2 端值 2	定义的端值 2 为常数
Action 动作	对于通道网格的所有行,指定一个动作或计数器
Phase Lag 相位差	指定一个通道为常数的相位差,在新的谱文件设置窗口,仅当选择了"相位"时此选项才可用

12. 动作窗口

在谱文件编辑器中,点击 Edit(编辑)→Actions(动作),出现动作窗口。

用户可在动作窗口增加、删除或命名一个动作或计数器。此处选择的动作与计数器,对通道网格的一行或者所有行被指定为常数。有关动作窗口的参数说明见表 5-23。

动作窗口参数说明　　　　　　　　　　　　　　　　表 5-23

项目	描　　述
Action 动作	显示与命名当前选择的动作或计数器。 　如果用户输入预先定义的动作名称(就像使用站台管理器的事件-动作编辑器定义那样),用户必须输入准确的动作名称。如果未能做到这一点,则必须将动作映射到 MPE 谱文件中用户定义的动作或系统动作。 　注:当命名动作时,需使用分隔符(例如,〈ramp1〉)
Add 增加	在显示列表中增加动作或计数器
Delete 删除	在显示列表中删除动作或计数器
Type 类型	在显示列表中选择动作,用户可增加或删除动作; 在显示列表中选择计数器,用户可增加或删除计数器

13. 通道菜单

使用通道菜单,用户可增加与移除谱文件中的通道,也可选择哪一个通道需要重点关注。关于通道菜单的具体说明见表 5-24。

通道菜单说明　　　　　　　　　　　　　　　　表 5-24

项目	描　　述
Add 增加	为谱文件增加一个通道
Remove 移除	删除谱文件的一个通道(相位文件的主通道是不可移除的)
Show 显示	将焦点移到其中一个通道窗口(使其成为"活动"窗口)

14. 工具菜单

使用 Tools(工具)菜单可进行如下三个指令:

1) 通过 Show Graph（图形预览），显示当前谱文件的 x-y 绘图。

2) 通过 Options Editor（选项编辑器），对谱文件图形预览进行首选项选择。

3) 分析当前谱文件可能的设计错误。

有关工具菜单的详细说明见表 5-25。

工具菜单说明 表 5-25

项目	描述
Show Graph 显示图形	显示 Graphical Preview（图形预览）窗口
Options Editor 选项编辑器	显示选项编辑器窗口
Analyze 分析	检查谱文件潜在的错误信息。如果软件发现了一个错误,将显示详细的问题信息,这是用户在存储前必须知道的;在存储谱文件前,所有的错误必须消除

15. 关于 Graphical Preview（图形预览）窗口

点击 Tools（工具）→Show Graph（显示图形）。

图形预览窗口显示当前谱文件的 x-y 图形，在存储与运行试验前，用户可检验定义的波形是否正确。

注：当使用图形预览窗口时，用户需要知道，当对谱文件做出更改之后，图形的显示不会自动更新；需要点击图形预览按钮来更新已修改的谱文件图形。

16. 图形预览选项

点击 Tools（工具）→Options Editor（选项编辑器）→Graphical Preview（图形预览）。

使用图形预览选项，在图形预览窗口中定义显示的图形。如果谱文件有多个通道，用户可分别显示图形；如果谱文件有同样的单位，可以在一张图中叠加显示（在同一个图形上，最多可以显示两种单位类型的图形）。有关图形预览选项的具体说明见表 5-26。

图形预览选项说明 表 5-26

项目	描述
Available Channels 可用通道	列出可选择用于绘图的通道
Channels to Plot 要绘制的通道	在图形预览窗口,列出将要绘图的通道 注:为了绘制图形,在工具菜单选择显示图形
Channel Display 通道显示	确定根据通道数据产生图形的数量
Single Plot 单个图形	在同一图形中,显示多通道谱文件产生的所有波形
Multiple Plots 多个图形	在不同图形中,分别显示多通道谱文件产生的波形。 当用户选择 Multiple Plots（多个图形）选项时,需要下滑滚动图形预览窗口,查看所有的图形
X Axis X 轴	定义 X 轴的性质（图形的底部）,X 轴显示的是时间
X Auto Scale X 自动刻度	启用 X 轴能够自动更改其最大或最小设置,以适应通道数据

项目	描 述
Min/Max 最小/最大	指定 X 轴的刻度范围,超出比例的任何部分都不会显示
Left Y Axis 左侧 Y 轴	定义左侧 Y 轴的特性,左侧 Y 轴显示通道数值的单位(在通道设置窗口中选择)
Y 1 Auto Scale Y1 自动刻度	启用左侧 Y 轴自动更改其最大或最小设置,以适应通道数据
Min/Max 最小/最大	指定 Y 轴的刻度范围,超出比例的任何部分都不会显示
Right Y Axis 右侧 Y 轴	定义右侧 Y 轴(图形右侧)的特性。当用户在同一个图上显示不同量纲的多个通道时,应用程序会显示右侧 Y 轴。如下图所示,单位 N 在右侧 Y 轴,单位 mm 在左侧 Y 轴,或者同样的量纲不同的单位。 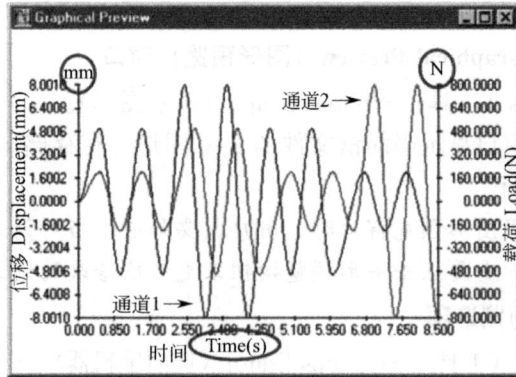
Y 2 Auto Scale Y 2 自动刻度	启用右侧 Y 轴自动更改其最大或最小值设置,以适应通道数据
Min/Max 最小/最大	指定右侧 Y 轴的刻度范围,超出比例的任何部分将不会显示
Grid Lines 网格线	选中时,在图形上显示网格线,如下图所示: 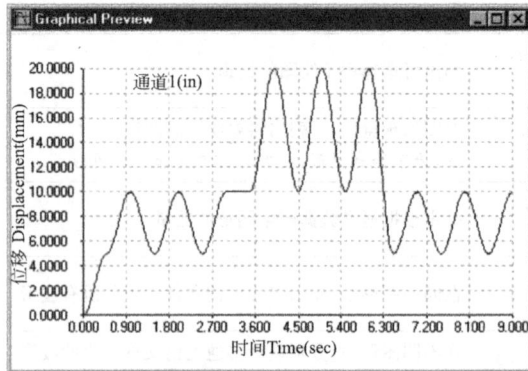
Refresh 刷新	更新图形预览窗口中的图形,反映当前谱文件数值和图形预览选项中的当前选项

17. 分析窗口

点击 Tools 工具→Analyze(分析),出现 Profile Messages(谱文件信息)窗口。

使用谱文件信息窗口，用户可确定在谱文件中是否有平台点以及它们的位置。有关信息窗口的说明见表 5-27。

谱文件信息窗口说明　　　　　　　　　　　　表 5-27

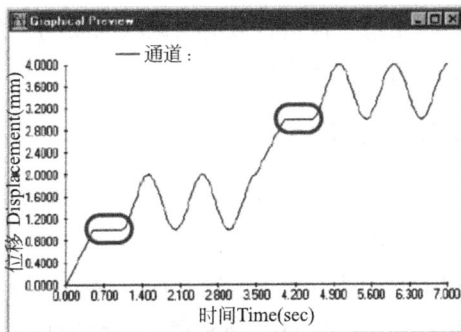

项目	描述
Analyze 分析	利用应用程序检查谱文件中潜在的设计错误。如发现错误，用户在存储谱文件之前，应当知道具体的问题所在，并应修正所有的错误。 谱文件的检验特点如下： ● 一段的端值 1 是否等同于模块下一行的端值 1； ● 一段的端值 1 是否与下一行的端值 1 或 2 的数据不匹配； ● 任何行是否有不完整的技术参数。 实例：用户创建如下图所示谱文件，然后在工具菜单对该谱文件选择分析。 应用软件发现第 0 行的端值 1 与第 1 行的相同，而第 2 行与第 3 行的端值 1 相同，如下图所示，在谱文件图形预览中就会产生平台点。 因此，在谱文件信息窗口，会出现下图所示信息：在第 0 行与第 1 行，第 2 行与第 3 行之间出现平台点

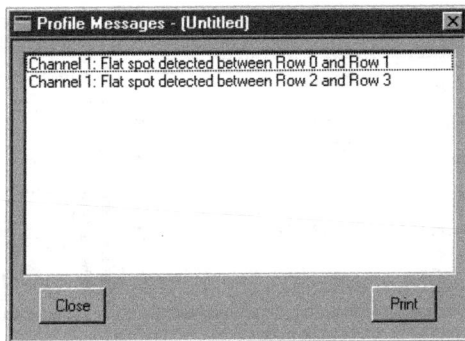

18. 窗口菜单

使用谱文件窗口菜单的指令，可更改应用软件在桌面上的布局。有关桌面菜单的说明见表 5-28。

	窗口菜单	表 5-28
项目	描　述	
Cascade 层叠	显示所有打开的谱文件编辑器窗口,使其以对角线模式相互重叠,并显示标题栏	
Tile 标题	并排显示所有打开的谱文件编辑器窗口,每个窗口占用相同的空间	
Arrange Icons 布置图标	当子窗口最小化时,在谱文件编辑器窗口的底部将图标排成一行	
Toolbar 工具栏	隐藏或显示工具栏	
Status Bar 状态栏	隐藏或显示状态栏	
Window list 窗口列表	列出打开的谱文件编辑器窗口和通道	

第三节　谱文件应用实例

本节主要介绍利用谱文件进行载荷谱试验的实例,分为两类:单通道的随机谱模块试验实例与双通道的载荷谱试验实例。

一、单通道谱文件应用实例

单通道的谱文件有 3 种控制方式:载荷控制、应变控制与位移控制。

1. 载荷控制谱文件实例

利用谱文件编辑器创建一个新的谱文件,谱文件的类型为随机模块谱文件。通道设置如图 5-34(a) 所示;在图 5-34(b) 所示通道常数窗口,勾选 Count(计数)为 1 段,Action(动作)选择无。

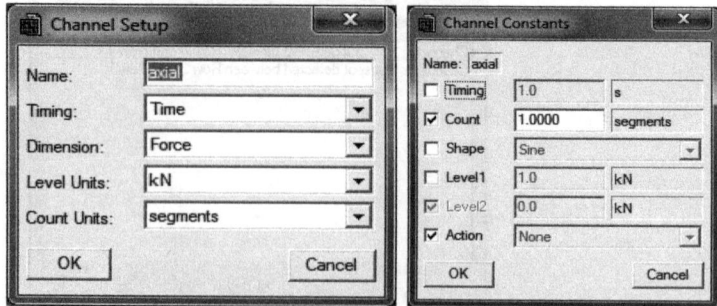

(a) 通道设置　　　　(b) 通道常数

图 5-34　载荷控制通道设置与通道常数

在完成通道设置与通道常数选项设置后,在图 5-35(a) 所示谱文件网格需要输入的变量有:Time(时间)、Shape(波形)与 Level1(端值 1)。根据测试需求,设置上述三个参数，谱文件另存为 Pu-2.blk 之后，形成图 5-35(b) 所示的谱文件。

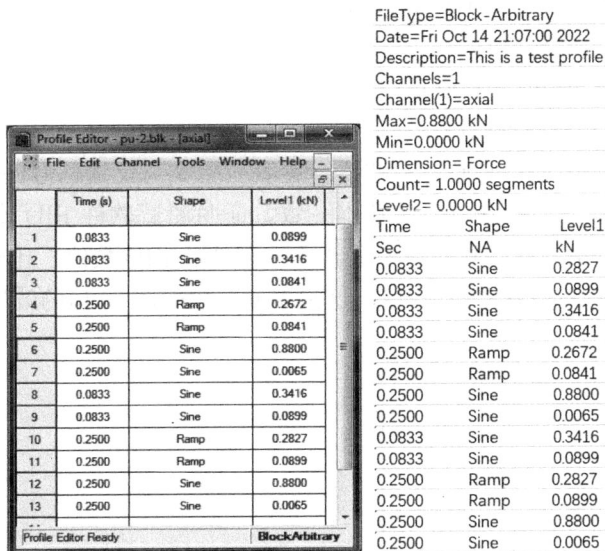

FileType=Block-Arbitrary
Date=Fri Oct 14 21:07:00 2022
Description=This is a test profile
Channels=1
Channel(1)=axial
Max=0.8800 kN
Min=0.0000 kN
Dimension= Force
Count= 1.0000 segments
Level2= 0.0000 kN

Time	Shape	Level1
Sec	NA	kN
0.0833	Sine	0.2827
0.0833	Sine	0.0899
0.0833	Sine	0.3416
0.0833	Sine	0.0841
0.2500	Ramp	0.2672
0.2500	Ramp	0.0841
0.2500	Sine	0.8800
0.2500	Sine	0.0065
0.0833	Sine	0.3416
0.0833	Sine	0.0899
0.2500	Ramp	0.2827
0.2500	Ramp	0.0899
0.2500	Sine	0.8800
0.2500	Sine	0.0065

（a）谱文件输入　　　　　　（b）谱文件

图 5-35　载荷控制谱文件

在谱文件编辑器窗口，点击图形预览，出现图 5-36 所示载荷随时间变化的波形。

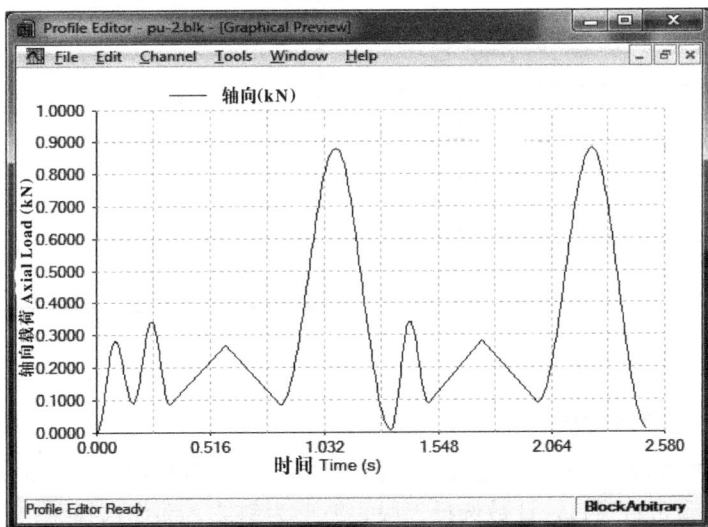

图 5-36　图形预览（载荷随时间变化的波形）

启动 MPE 软件，点击新建一个试验，在试验序列的工具栏选择 Profile 图标，拖放到试验序列中，出现图 5-37 所示属性窗口。在图 5-37 中的 File（文件）选项中选择谱文件 Pu-2.blk。必要时进行站台资源的配置，然后做如下设置：

Total Passes（总的运行次数）：200；

Frequency Multiplier（频率系数）：100%；

Compensation（补偿）：Peak-Valley Amplitude Control（峰谷值控制）；

通道：Axial；

Profile Channel（谱文件通道）：Axial；

控制方式：Force（载荷）；

Level Reference（端值参考值）：0；

Level Multiplier（端值系数）：10。

图 5-38 所示为试验运行时通过示波器查看载荷指令与反馈信号的运行效果，从图中可看出：载荷的反馈信号与控制信号基本一致，证明测试软件 PID 值的设置是合适的；如果反馈信号与控制信号不一致，需要重新调整软件的 PID 数值。比较图 5-38 的载荷信号与图 5-36 的信号，只是放大了 10 倍，这是端值系数选择 10 倍的效果。

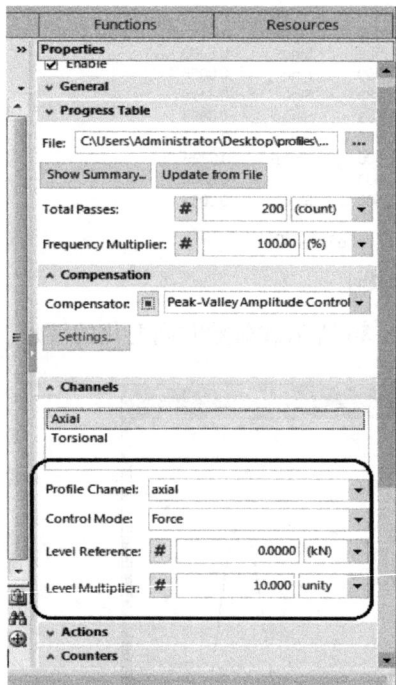

图 5-37　载荷控制谱文件属性

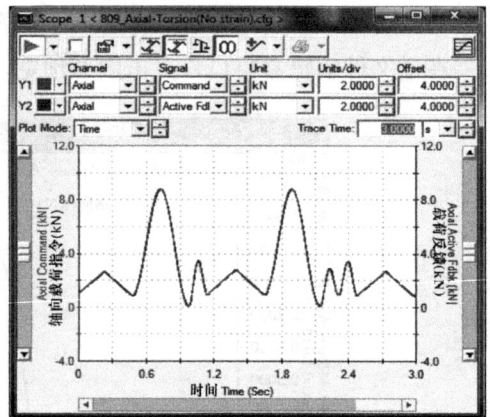

图 5-38　载荷控制谱文件运行示波器显示

2. 应变控制谱文件实例

启动谱文件编辑器创建新的随机模块谱文件后，通道设置如图 5-39（a）所示；在图 5-39（b）所示通道常数窗口，计数选择 1 段，波形为斜波，动作选择无；在计数设置为 1 段后，端值 2 的选项不再起作用，变成灰色虚框。

新建谱文件网格需要输入的变量有：时间与端值 1。根据测试需求，在图 5-40（a）所示窗口设置时间与端值 1 数值，谱文件另存为 strain-profile. blk 之后，形成图 5-40（b）所示的谱文件。

在谱文件编辑器窗口，点击图形预览，出现图 5-41 所示应变随时间变化的波形。

启动 MPE 软件，点击新建一个试验，在试验序列的工具栏选择 Profile 图标，拖放到试验序列中，出现图 5-42 所示谱文件属性窗口。在图 5-42 中的 File（文件）选项中选择谱文件 Strain—profile. blk，然后做如下设置：

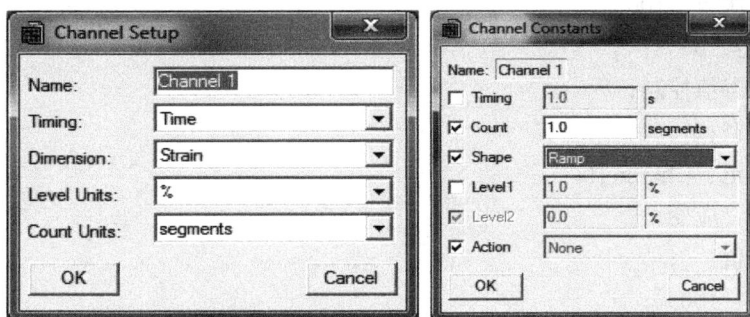

（a）通道设置　　　　　　　　（b）通道常数

图 5-39　应变控制通道设置与通道常数

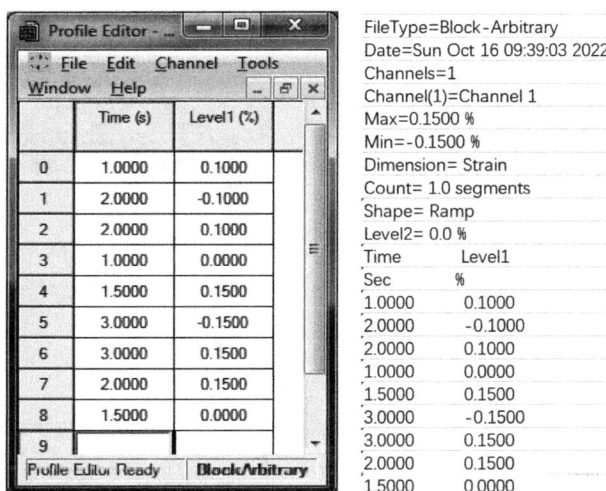

FileType=Block-Arbitrary
Date=Sun Oct 16 09:39:03 2022
Channels=1
Channel(1)=Channel 1
Max=0.1500 %
Min=-0.1500 %
Dimension= Strain
Count= 1.0 segments
Shape= Ramp
Level2= 0.0 %
Time　　Level1
Sec　　　%
1.0000　　0.1000
2.0000　　-0.1000
2.0000　　0.1000
1.0000　　0.0000
1.5000　　0.1500
3.0000　　-0.1500
3.0000　　0.1500
2.0000　　0.1500
1.5000　　0.0000

（a）谱文件输入　　　　　　　（b）谱文件

图 5-40　应变控制谱文件

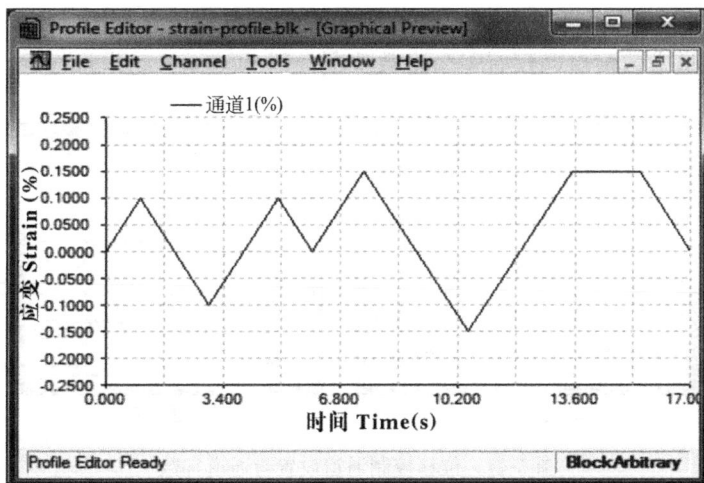

图 5-41　图形预览（应变随时间变化的波形）

总的运行次数：100；

频率系数：100％；

补偿：峰谷值控制；

通道：CH2；

谱文件通道：Channel1；

控制方式：应变；

端值参考值：0；

端值系数：100％；

图 5-43 所示为应变控制谱文件运行时示波器显示的应变与时间的关系图，与图 5-41 控制信号比较，应变反馈信号与控制信号是一致的。

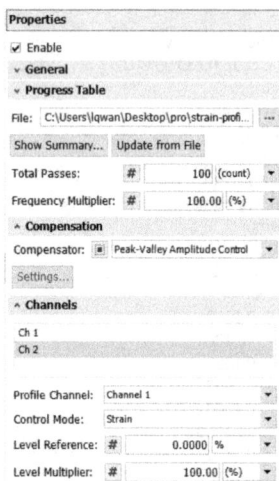

图 5-42　应变控制谱文件属性

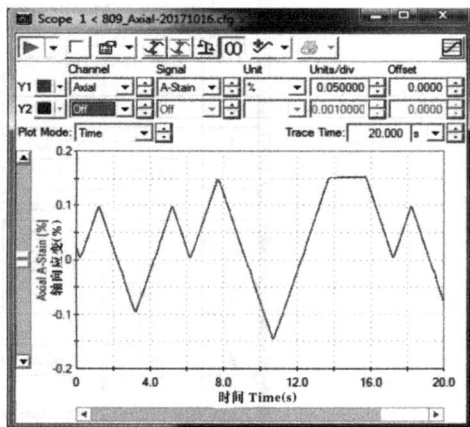

图 5-43　应变控制谱文件运行示波器显示

3. 位移控制谱文件实例

启动谱文件编辑器创建新的随机模块谱文件后，通道设置如图 5-44（a）所示；在图 5-44（b）所示通道常数窗口，仅有 1 个常数选项，即 Action（动作），选择 Pass Counter。

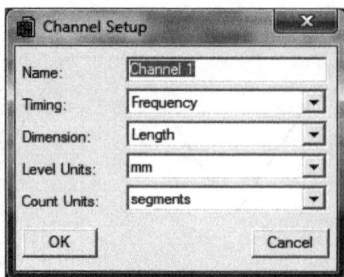

（a）通道设置

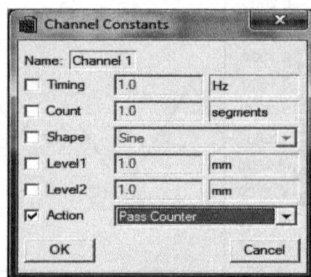

（b）通道常数

图 5-44　位移控制通道设置与通道常数

在图 5-45 所示新建谱文件网格中需要输入的变量有：频率（Hz）、计数（段）、波形、端值 1（mm）、端值 2（mm）与动作。根据测试需求，在图 5-45(a) 中设置频率为 0.25、0.5、1Hz；计数为 4 或 6；波形为正弦、方波与斜波；端值 1 与端值 2 的数值为 2～8，最后一行动作选择 Pass Counter。谱文件另存为 Displacement-pro. blk 之后，形成图 5-45(b) 所示的谱文件。

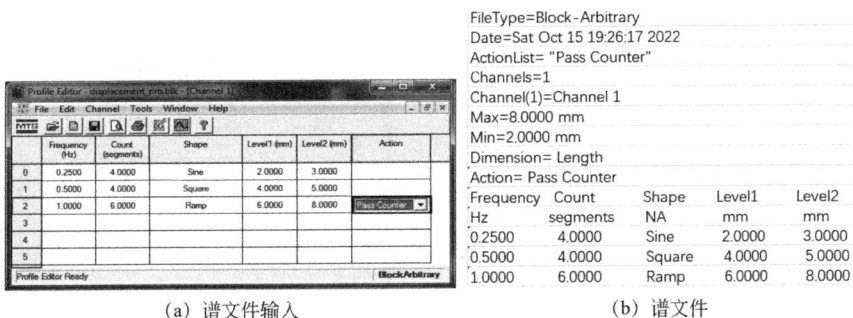

（a）谱文件输入　　　　　　（b）谱文件

图 5-45　位移控制谱文件

在谱文件编辑器窗口，点击图形预览，出现图 5-46 所示位移随时间变化的波形。

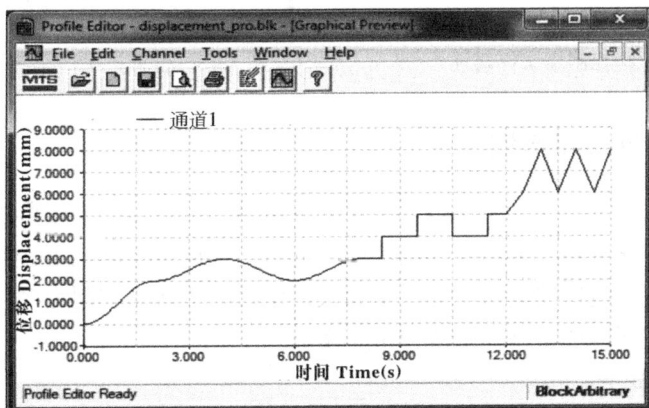

图 5-46　图形预览（位移随时间变化的波形）

启动 MPE 软件，点击新建一个试验，在试验序列的工具栏选择 Profile 图标，拖放到试验序列中，出现图 5-47 所示谱文件属性窗口。在图 5-47 中的文件选项中选择谱文件 Displacement-pro. blk。然后做如下设置：

总的运行次数：100；

频率系数：100％；

补偿：峰谷值控制；

通道：Axial；

谱文件通道：Channel1；

控制方式：位移；

端值参考值：0；

端值系数：100％；

计数器：Pass Counter。

141

图 5-48 所示为位移控制谱文件运行时，示波器显示控制的位移信号与反馈信号，从图中可看出，位移反馈信号与控制信号是一致的。

图 5-47　位移控制谱文件属性

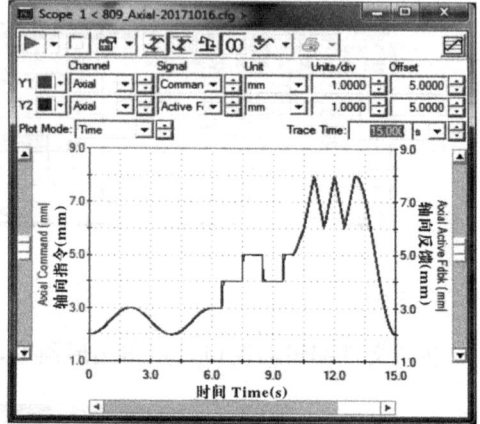

图 5-48　位移控制谱文件指令与反馈信号

二、双通道谱文件应用实例

双通道的试验设备通常是拉扭组合的疲劳试验机。一般是一个通道控制位移，另一个通道控制扭转角；或者是一个通道控制轴向力，另一个通道控制扭矩；或者是一个通道控制轴向应变，另一个通道控制扭应变。下面仅以位移与扭转角控制为例，分别介绍双通道相位谱文件试验与不同加载路径的疲劳试验实例。

1. 相位谱文件

在启动谱文件编辑器后，选择新建谱文件，选择相位谱文件的类型。在编辑菜单设置选项，通道设置如图 5-49(a) 所示；在谱文件编辑器通道菜单中，选择增加一个通道，出现图 5-49(b) 所示通道设置窗口。由于是相位谱文件，通道 2 的计时和计数单位与通道 1 是一致的，因此，在通道 2 处默认为灰色选项，不可更改。

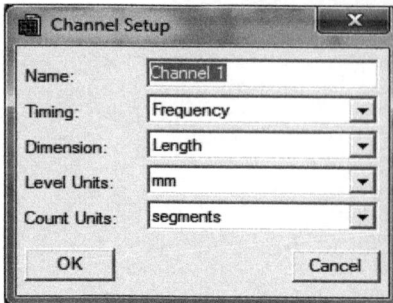

(a) 通道1

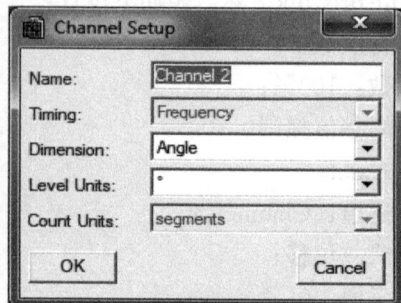

(b) 通道2

图 5-49　通道设置

图 5-50(a) 所示为通道 1 常数设置窗口，设置计时为 1Hz，波形为正弦波，动作为无。通道 2 的常数设置如图 5-50(b) 所示，默认的常数与通道 1 相同，计时、波形与动作在通道 2 没有选项，通道 2 可供选择的常数有：端值 1、端值 2 与相位差，此处不做选择，三个参数为变量。

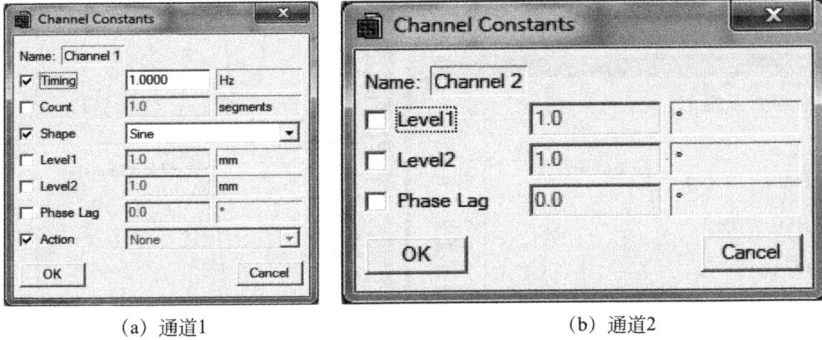

(a) 通道1   (b) 通道2

图 5-50　通道常数设置

图 5-51(a) 所示为谱文件通道网格编辑窗口，根据试验需求输入网格参数。在图 5-51(a) 中，通道 1 需要输入的变量为计数、端值 1、端值 2 与相位差；通道 2 需要输入的变量为端值 1、端值 2 与相位差，计数默认与通道 1 相同，不用设置。完成通道变量的设置后，点击谱文件另存为 two-cha-phase.blk 之后，形成图 5-51(b) 所示的谱文件。

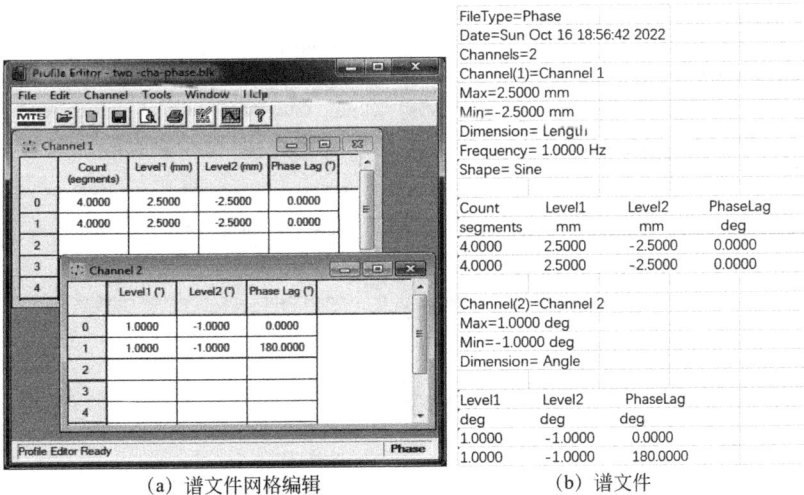

(a) 谱文件网格编辑   (b) 谱文件

图 5-51　位移-角度控制相位谱文件

在谱文件编辑器窗口，点击图形预览，出现图 5-52 所示双通道相位谱文件的图形预览。其中，图 5-52(a) 为一张图绘制两个通道的谱文件波形，图 5-52(b) 为分别显示两个通道的波形。

启动 MPE 软件，创建一个试验，在试验序列的工具栏选择 Profile 图标，拖放到试验序列中，出现图 5-53 所示谱文件属性窗口，在选项 File（文件）中选择谱文件 two-cha-phase.blk。

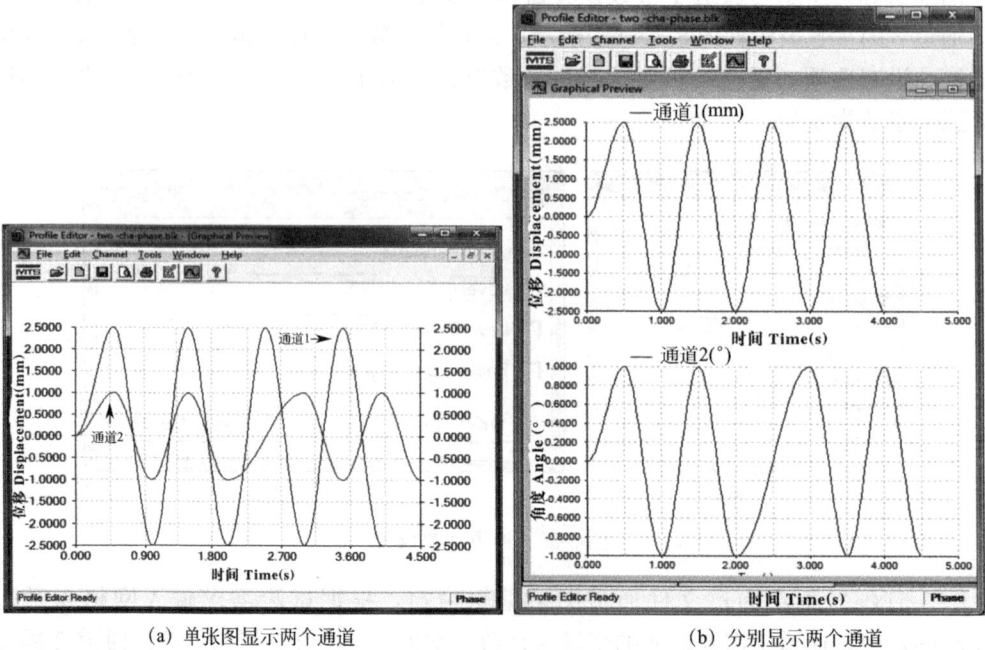

(a) 单张图显示两个通道 (b) 分别显示两个通道

图 5-52 相位谱文件图形预览

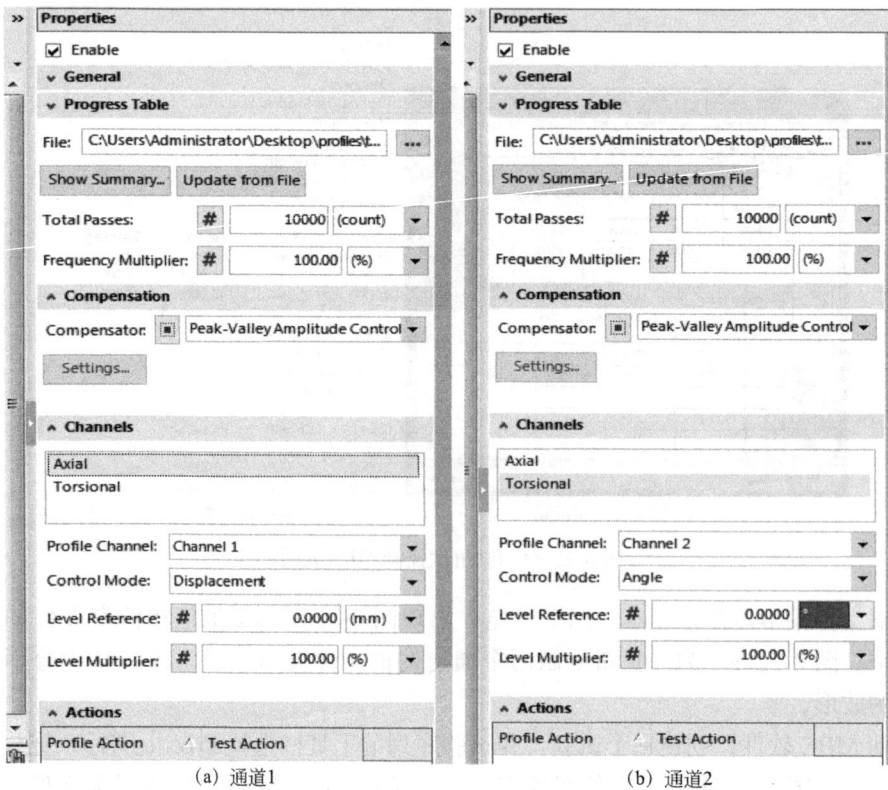

(a) 通道1 (b) 通道2

图 5-53 相位谱文件属性

① 在图 5-53(a) 中做如下设置：

总的运行次数：10000；

频率系数：100％；

补偿：峰谷值控制；

通道：轴向；

谱文件通道：通道 1；

控制方式：位移；

端值参考值：0；

端值系数：100％。

② 在图 5-53(b) 中做如下设置：

总的运行次数：10000；

频率系数：100％；

补偿：峰谷值控制；

通道：Torsional（扭转）；

谱文件通道：通道 2；

控制方式：角度；

端值参考值：0°；

端值系数：100％。

图 5-54 所示为双通道相位谱文件运行时，示波器显示位移与扭转角的反馈信号，从图中可看出，前两个波形位移与扭转角是同相位的，而最后的波形位移与扭转角是反相位的，即二者有 180°的相位差。

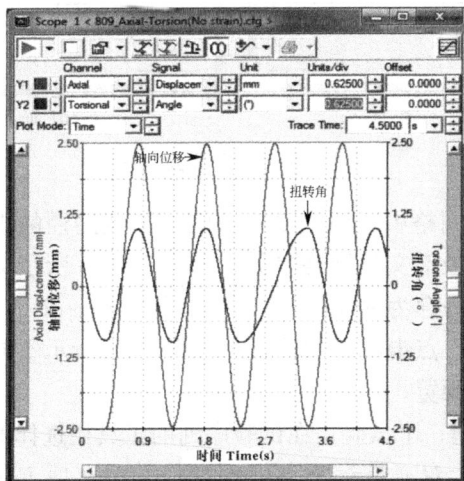

图 5-54　相位谱文件运行位移与扭转角反馈信号

2. 不同加载路径的谱文件

利用双通道谱文件可以实现不同的加载路径，比如圆形路径或菱形路径，下面以位移与扭转角两个通道为例进行说明。

启动谱文件编辑器，建立新的谱文件，谱文件类型选择随机模块谱文件，两个通道的

145

设置窗口如图 5-55 所示。

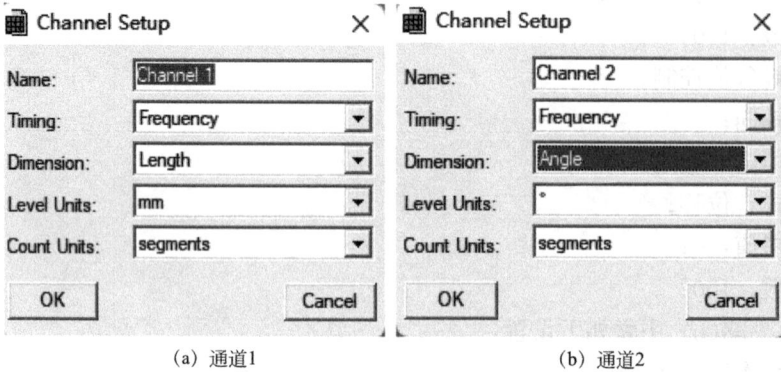

(a) 通道1   (b) 通道2

图 5-55　通道设置

图 5-56 所示为通道常数设置窗口。其中，图 5-56(a) 轴向通道的常数设置：计时为 1Hz；计数为 1 段；波形为斜坡；端值 2 不起作用（由于选择 1 段计数）；动作为无。图 5-56(b) 扭转通道的常数设置与轴向通道相同，仅有端值 1 一个变量。

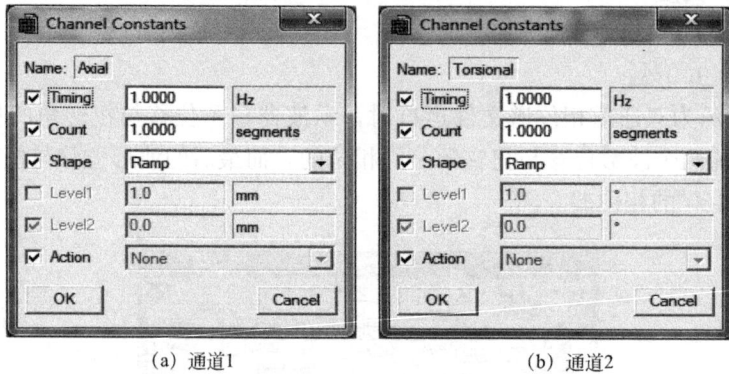

(a) 通道1   (b) 通道2

图 5-56　通道常数设置

在编辑谱文件的通道网格中，根据菱形或圆形加载路径的坐标输入网格参数。图 5-57(a) 所示为菱形加载路径谱文件网格参数；图 5-57(b) 所示为圆形加载路径谱文件网格参数。两个谱文件分别另存为 Rhombic-dis. blk 与 Circle-dis _ Array. blk。

在谱文件编辑器窗口，点击图形预览，出现图 5-58 所示不同加载路径谱文件轴向位移与扭转角随时间的波形预览。

启动 MPE 软件，创建一个试验，在试验序列的工具栏选择 Profile 图标，拖放到试验序列中，出现图 5-59 所示双通道谱文件属性窗口，在选项 File（文件）中选择谱文件 Rhombic-dis. blk 或 Circle-dis _ Array. blk，分别调用菱形或圆形谱文件。

① 在图 5-59(a) 中设置如下：

总的运行次数：500；

频率系数：100%；

补偿：峰谷值控制；

(a) 菱形加载路径

	Level1 (mm)		Level1 (°)
0	0.0000	0	5.0000
1	1.0000	1	4.0000
2	2.0000	2	3.0000
3	3.0000	3	2.0000
4	4.0000	4	1.0000
5	5.0000	5	0.0000
6	4.0000	6	-1.0000
7	3.0000	7	-2.0000
8	2.0000	8	-3.0000
9	1.0000	9	-4.0000
10	0.0000	10	-5.0000
11	-1.0000	11	-4.0000
12	-2.0000	12	-3.0000
13	-3.0000	13	-2.0000
14	-4.0000	14	-1.0000
15	-5.0000	15	0.0000
16	-4.0000	16	1.0000
17	-3.0000	17	2.0000
18	-2.0000	18	3.0000
19	-1.0000	19	4.0000

(b) 圆形加载路径

	Level1 (mm)		Level1 (°)
0	0.0000	0	6.0000
1	0.6000	1	5.9699
2	1.2000	2	5.8788
3	1.8000	3	5.7236
4	2.4000	4	5.4991
5	3.0000	5	5.1962
6	3.6000	6	4.8000
7	4.2000	7	4.2849
8	4.8000	8	3.6000
9	5.4000	9	2.6153
10	5.8200	10	1.4586
11	6.0000	11	0.0000
12	5.8200	12	-1.4586
13	5.4000	13	-2.6153
14	4.8000	14	-3.6000
15	4.2000	15	-4.2849
16	3.6000	16	-4.8000
17	3.0000	17	-5.1962
18	2.4000	18	-5.4991
19	1.8000	19	-5.7236
20	1.2000	20	-5.8788
21	0.6000	21	-5.9699
22	0.0000	22	-6.0000
23	-0.6000	23	-5.9699
24	-1.2000	24	-5.8788
25	-1.8000	25	-5.7236
26	-2.4000	26	-5.4991
27	-3.0000	27	-5.1962
28	-3.6000	28	-4.8000
29	-4.2000	29	-4.2849
30	-4.8000	30	-3.6000
31	-5.4000	31	-2.6153
32	-5.8200	32	-1.4586
33	-6.0000	33	0.0000
34	-5.8200	34	1.4586
35	-5.4000	35	2.6153
36	-4.8000	36	3.6000
37	-4.2000	37	4.2849
38	-3.6000	38	4.8000
39	-3.0000	39	5.1962
40	-2.4000	40	5.4991
41	-1.8000	41	5.7236
42	-1.2000	42	5.8788
43	-0.6000	43	5.9699

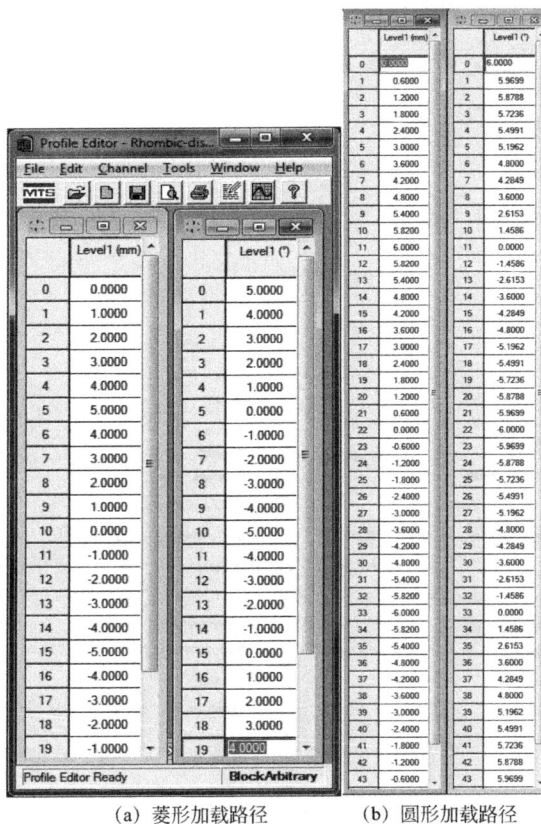

图 5-57　不同加载路径的谱文件网格参数

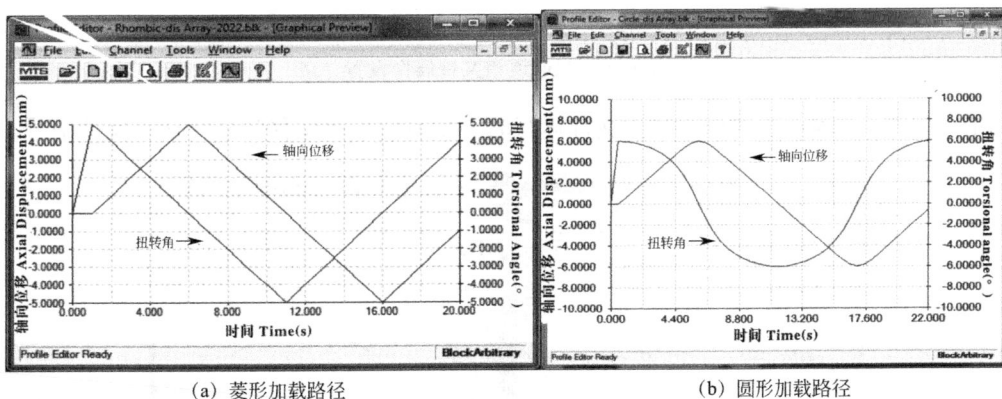

(a) 菱形加载路径　　　　**(b) 圆形加载路径**

图 5-58　不同加载路径波形预览

通道：Axial；

谱文件通道：Axial；

控制方式：位移；

端值参考值：0；

端值系数：100%。

② 在图 5-59(b) 中设置如下：

总的运行次数：500；

频率系数：100%；

补偿：峰谷值控制；

通道：Torsional；

谱文件通道：Torsional；

控制方式：角度；

端值参考值：0°；

端值系数：100%。

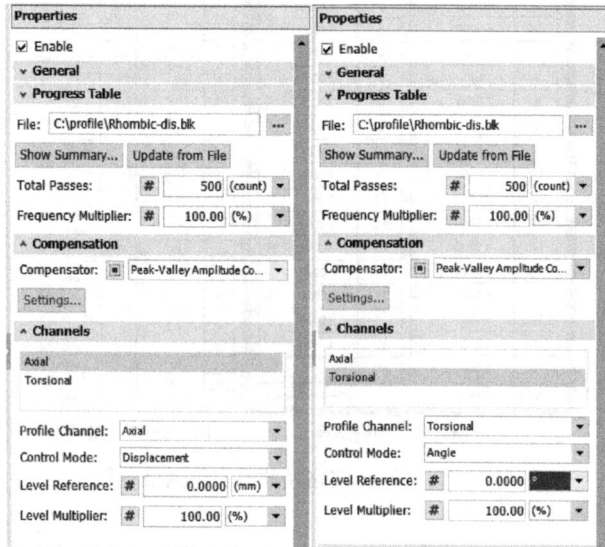

(a) 通道1　　　　　　(b) 通道2

图 5-59　双通道谱文件属性设置

图 5-60 所示为不同加载路径谱文件运行时，示波器显示位移与扭转角的反馈信号。

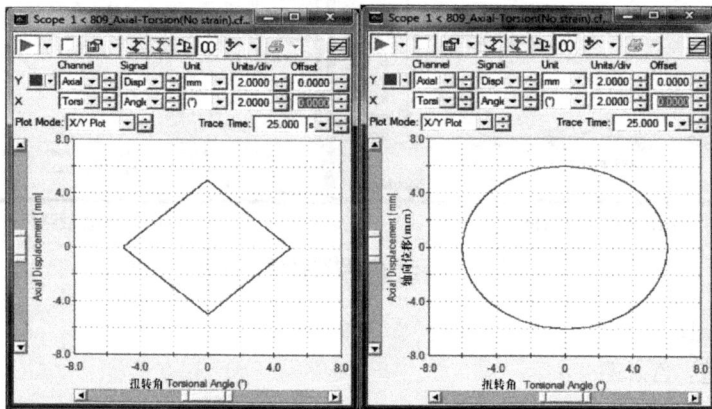

(a) 菱形加载路径　　　　　　(b) 圆形加载路径

图 5-60　不同加载路径的位移与扭转角